인공지능, 네 정체를 밝혀라
인공지능
쫌 아는 10대

과학 쫌 아는 십대 01

**초판 1쇄 발행** 2019년 1월 15일
**초판 10쇄 발행** 2023년 7월 31일

**지은이** 오승현
**그린이** 방상호
**펴낸이** 홍석
**이사** 홍성우
**인문편집팀장** 박월
**편집** 박주혜
**디자인** 방상호
**마케팅** 이송희
**관리** 최우리 · 김정선 · 정원경 · 홍보람 · 조영행 · 김지혜

**펴낸곳** 도서출판 풀빛
**등록** 1979년 3월 6일 제2021-000055호
**주소** 07547 서울특별시 강서구 양천로 583 우림블루나인 A동 21층 2110호
**전화** 02-363-5995(영업), 02-364-0844(편집)
**팩스** 070-4275-0445
**홈페이지** www.pulbit.co.kr
**전자우편** inmun@pulbit.co.kr

**ISBN** 979-11-6172-728-8 44500
**ISBN** 979-11-6172-727-1 44080 (세트)

이 책의 국립중앙도서관 출판시도서목록(CIP)은 서지정보유통지원시스템
홈페이지(seoji.nl.go.kr)와 국가자료공동목록시스템(www.nl.go.kr/kolisnet)에서
이용하실 수 있습니다.

※책값은 뒤표지에 표시되어 있습니다.
※파본이나 잘못된 책은 구입하신 곳에서 바꿔드립니다.

인공지능, 네 정체를 밝혀라
인공지능
쫌 아는 10대
오승현 글 방상호 그림

풀빛

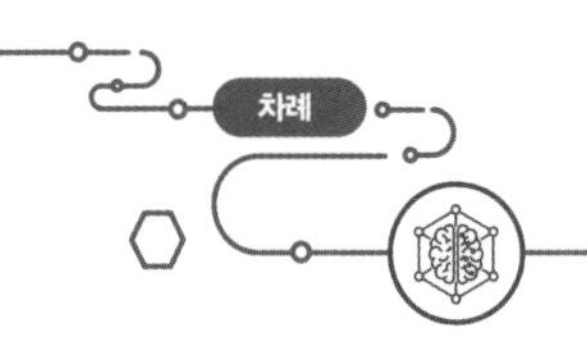

차례

## 인공지능, 너의 문제가 뭐니?



## 인공지능, 네가 인간을 대신할 거라며?



## 인공지능, 네가 그렇게 무서워?

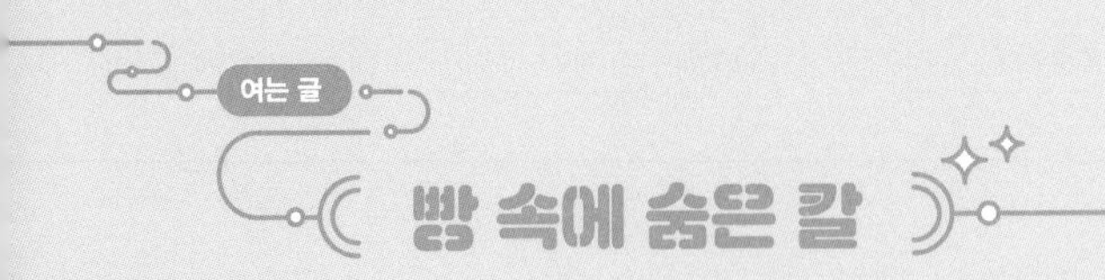


올더스 헉슬리가 쓴《멋진 신세계》라는 책이 있어. 기술 디스토피아로 그려지는 '멋진 신세계'에서는 과학기술이 모든 것을 조종하고 통제하지. 인공 수정된 신생아는 부화기로 옮겨져 길러지고, 수명조차 60세로 제한돼. 인공지능이 가져다줄 미래는 어떨까? 억압적이고 불평등할까? 자유롭고 풍요로울까?

라틴어 '판엠 엣 키르켄세스(panem et circenses)'는 '빵과 서커스'를 뜻해. 로마 통치자들이 시민들을 길들이기 위해 고안한 정책에서 나온 표현이야. 통치자들은 시민들 주머니에 돈을 찔러주고 검투사 경기를 공짜로 보여 줬어. 영화 〈헝거 게임〉의 무대인 독재국가 판엠의 이름이 여기에서 유래하지. 빵의 나라에서 굶주림(헝거)의 게임이라니 역설적이지? 진짜 역설적인 건 로마 시민들이었어. 그들은 빵과 오락을 제공받고 대신 정치적 권한을 포기했지.

인공지능의 미래도 '빵과 서커스' 같은 게 아닐까? 인공지능

이 그리는 장밋빛 미래는 풍요와 편리를 약속하지. 인공지능이 인류의 복지와 발전의 전환점이 되고, 인류가 고된 노동에서 벗어나 여가와 창조적 활동에 매진하게 될 거라는 희망적 기대가 있어. 그런데 그 이면에는 양극화, 대규모 실업, 민주주의의 약화(인권 후퇴, 감시 강화, 사생활 침해)라는 그늘이 드리워져 있지. 빵과 서커스 뒤에 숨은 음습한 권력처럼 말이야. 과학기술을 독점한 극소수가 다수를 지배하고, 더 나아가 인공지능이 인류를 전멸시킬 거라는 비관적 전망이지.

일례로 정보 감시를 볼까. 감시는 노골적 감시도 있지만 은밀한 감시도 있어. CCTV를 통한 범죄자 추적처럼 드러내 놓고 하는 감시가 노골적인 감시야. 인공지능 시대의 감시는 좀 더 세련된, 다시 말해 은밀한 형태를 취할 거야. 앱을 설치할 때 개인 정보 제공에 '동의'를 요구하지. 외형상 동의의 형식이지만, 사실상 강요와 다름없어. 동의하지 않으면 설치가 안 되니까. 동의하거나 사용하지 않거나, 사용자에겐 두 가지 선택지만 있는 거야. 그렇게 너희의 개인 정보가 수집돼. 너희의 정보가 너희도 모르는 사이에 흘러가서 차곡차곡 쌓이지.

2011년 오스트리아의 막스 슈렘스는 페이스북을 상대로 자신에 관한 데이터를 돌려 달라고 요구했어. 슈렘스는 2년간의 법정 공방 끝에 데이터를 돌려받았지. 1200쪽에 달하는 PDF

파일에는 자신에 관한 온갖 정보들이 가득했어. 친구 목록, 삭제된 메시지를 포함한 주고받은 모든 메시지, 클릭한 사진과 방문한 페이지(광고, 이벤트 등)까지 저장돼 있었지. 이런 개인 정보를 활용해 페이스북(현재는 '메타'로 이름이 바뀌었다)은 서비스를 개발하고 광고를 기획하지. 바야흐로 기업 감시가 넘쳐 나는 거야. 이건 국가 감시와 성격이 다르지. 이런 게 왜 문제가 될까?

2012년 미국에서 실제로 있었던 일이야. 유통 업체 타깃(Target)이 10대 소녀에게 출산 · 육아 용품 광고지를 보냈어. "학생더러 임신하라고 부추기는 거냐?" 소녀의 부모가 타깃 측에 강하게 항의했지. 그런데 놀랍게도 오래지 않아 소녀의 부모는 딸이 임신 3개월이라는 사실을 알게 되지. 회사는 소녀의 임신 사실을 어떻게 알았을까? 엽산·철분 보충제, 헐렁한 옷 등을 구매하는 임신한 여성들의 구매 패턴을 분석해서 알아냈어. 회사는 비슷한 패턴을 보이는 여성 고객들에게 출산·육아 용품 광고지를 보냈지.

2015년 개봉한 〈엑스 마키나〉에는 인간을 유혹하는 인공지능 로봇이 등장해. 주인공은 기계인 줄 알면서도 로봇에 묘한 애정을 느끼지. 로봇에 감정적으로 휘둘린 주인공은 결국 로봇이 요구하는 대로 행동하게 돼. 어떻게 로봇에 애정을 느낄 수

있을까? 로봇이 주인공의 이상형, 성적 취향 등과 정확히 일치하기 때문이야. 주인공의 인터넷 검색 정보를 분석해서 로봇이 제작된 탓이지(영화에 그런 내용이 직접적으로 나오는 건 아니고, 그렇게 추정할 만한 대목이 나와). 영화는 누군가 검색한 단어, 방문한 웹사이트, 클릭한 정보 등을 분석해서 그 사람의 취향, 생각, 욕망까지 읽어 낼 수 있음을 극적으로 보여 주지.

여기까지 들어 보니 기대와 걱정이 교차하지? 인공지능의 개발과 사용에서 '선한 사용(善用)'이 매우 중요해 보이지. 이때 강조되는 게 '과학기술의 가치중립성'이야. 과학기술은 좋은 쪽으로든, 나쁜 쪽으로든 사용될 수 있는 '양날의 칼'이라는 거지. 양날의 칼은 반박하기 힘든 사실 같아. 과학기술자라는 이름의 대장장이가 강도한테 흉기로 쓰라고 칼, 즉 과학기술을 만든 건 아닐 테니까. 그렇다면 문제는 과학기술에 있지 않고 그것의 사용에 있다는 결론에 이르게 되지. 이제 과학기술의 책임은 과학기술자의 손을 떠나 기업가와 정치인의 숙제가 돼.

하지만 과학기술이 가치중립적이기만 할까? 과일 깎는 과도로 사람을 찌르는 건 과도 탓이 아니야. 그렇지만 어떤 칼은 처음부터 용도가 정해지지. 일본도가 그래. 일본도로 사과를 깎긴 어렵지. 애초부터 사람을 베고 찌르는 용도로 만들어졌기 때문이야. 어떤 과학기술은 과도처럼 양날의 칼일 수 있어. 반면 다른 과학기술은 일본도처럼 한쪽으로 치우쳐 있지. 좋게 사용될 가능성보다 나쁘게 사용될 가능성이 더 큰 거야. '양날의 칼'은 전가의 보도가 아니지.

인공지능은 어떨까? 얼핏 보면 인공지능은 굉장히 합리적이고 공정해 보여. 가령 인공지능 판사는 사람보다 더 공정할 것 같지 않아? 그러나 인공지능의 근간에 사회적 편견이 충분히 스며들 수 있지. 인공지능이라는 나무는 데이터라는 토양에서 자라는데, 데이터 자체가 편견에 오염됐을 수 있기 때문이야. 오염된 땅에선 오염된 열매가 자라는 법이거든. 인공지능은 우리에게 적지 않은 고민거리를 던져 주지.

인공지능의 가치중립성을 덮어놓고 단정하기 전에 진짜 가치중립적인지 조목조목 따질 필요가 있어. 섣부른 단정 대신 인공지능의 가능성과 한계를 동시에 톺아보며 미래를 전망해야 해. 우리는 수동적 사용자에 머물 수도 있고 적극적 감시자가 될 수도 있어. 선택은 전적으로 우리에게 달렸지. 정해진 운명은 없어.

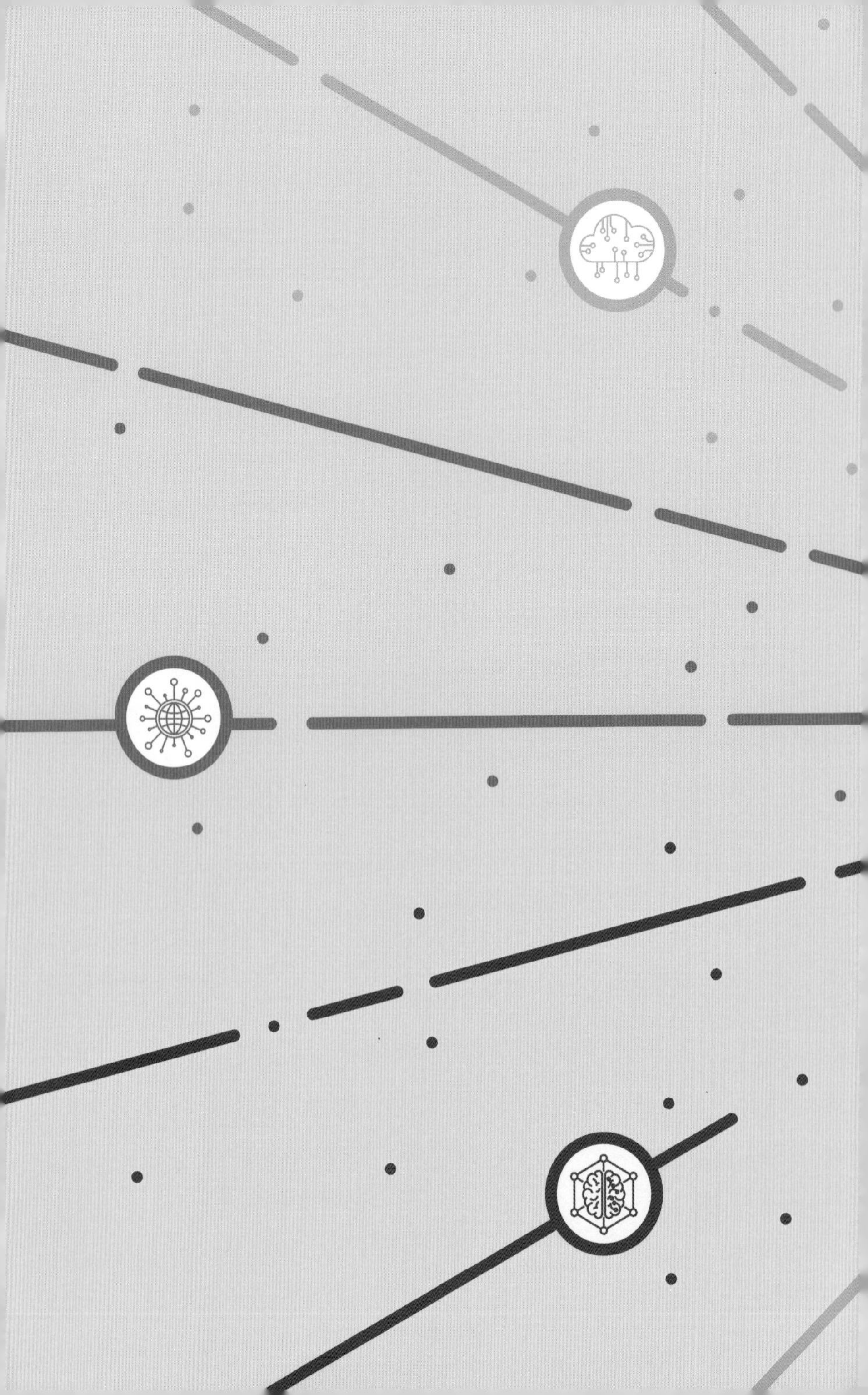

1
인공지능,
네 정체를 밝혀라!

2016년 이세돌 9단과 알파고가 바둑 대결을 벌였지. 그 뒤로 인공지능에 대한 관심이 부쩍 커졌어. 관심은 높아졌지만, 인공지능은 여전히 알 듯 모를 듯하지. 컴퓨터 기술에서 나온 것 같지만, 일반적인 컴퓨터랑은 다른 것 같고. 인공지능이 무엇이고 왜 갑자기 뜨게 됐는지, 인공지능이 바꿀 미래는 어떤 모습인지, 인간의 일자리는 어떻게 될지, 인공지능이 인간을 공격하진 않을지 등등 수많은 질문이 떠오르지. 이제부터 이 질문에 하나씩 답해 볼게.

가장 먼저 인공지능이 무엇인지부터 살펴볼까. 각자 자기 방을 한번 떠올려 볼래? 온갖 물건들이 떠오를 텐데, 방에 뭐가 있지? 침대, 옷장, 의자, 책상… 아마도 큼직한 가구들이 먼저 떠오를 거야. 가장 눈에 띄니까. 책상으로 시선을 돌려 볼까? 뭐가 보여? 책상 위에는 책이 있고 스탠드가 있지. 서랍 안에는 펜이며 가위며 포스트잇 등 온갖 학용품으로 가득하고.

이 모든 것들이 도구야. 모든 도구는 정해진 쓰임이 있어. 가령 의자는 사람이 앉을 수 있도록 만들어졌고 가위는 무언가를 자를 수 있도록 만들어졌지. 도구는 그 도구를 만들 때 정해진 용도로만 사용돼. 거의 모든 도구가 특정한 하나의 쓸모를 가지고 있지.

예외적인 도구가 하나 있어. 하나의 쓰임으로 제한되지 않는 그 도구가 뭘까? 너희들 대부분 하나씩 가지고 있는 물건이야. 바로 컴퓨터지. 컴퓨터는 딱히 정해진 쓰임이 없는 거의 유일한 도구야. 컴퓨터로 아주 많은 일을 할 수 있잖아. 글을 쓰고 그림을 그리고 동영상도 볼 수 있어. 그것 말고도 아주 많지.

컴퓨터로 할 수 있는 일은 지금 이 시간에도 계속 늘어나고 있어. 예를 들어 예전에는 컴퓨터로 동영상을 녹화하는 공짜 프로그램이 거의 없었지. 그래서 컴퓨터로 동영상을 볼 순 있어도 일반인이 그 영상을 녹화하고 편집하긴 쉽지 않았어. 한데 지금은 반디캠이나 곰캠 등 여러 녹화 프로그램이 출시됐지. 그런 프로그램들이 나오면서 동영상 녹화가 아주 쉬워졌어.

하나의 용도로 제한되지 않는 컴퓨터는 여러 능력을 발휘하지. 어떤 프로그램을 설치하느냐에 따라서 말이야. 새로운 프로그램이 개발되면 컴퓨터는 새로운 일을 할 수 있어. 다른 도구들과는 다른 컴퓨터만의 특성이야. 어떤 면에서 인간과 비슷하다고 볼 수 있어. 인간도 학습과 훈련을 거쳐 수많은 일을 할 수 있잖아.

인간이 하기 힘든 '어려운 계산'을 빠른 시간에 척척 해내는 컴퓨터를 보고 있으면 지능이 있는 듯한 착각이 들지. 그렇다고 너희들 집에 있는 개인용 컴퓨터를 인공지능이라고 부르지는 않아. 조금만 생각해 보면 계산이 빠르다고 지능을 갖췄다고 말하기 어렵다는 걸 깨닫게 되지. 계산기만 떠올려도 쉽게 이해될 거야.

계산기가 인공지능이 아니란 사실은 직관적으로 이해되지만, 이 문제를 개념적으로 분명히 짚어 볼까. 그러려면 지능이 무엇인지부터 살펴야겠지. 미국 코넬대학의 로버트 스턴버그 교수는 지능이 세 가지 능력으로 구성된다고 설명해.

첫째, 문제를 해결하기 위해 필요한 사항을 분석하는 능력

둘째, 기존 정보와 새로운 정보를 통합적으로 고려하여 창의적으로 문제를 해결하는 능력

셋째, 해결책에 따라 실제 행동을 취하는 능력

이런 능력을 단계적으로 발휘할 때 지능이 있다고 보지.

우리가 계산기가 지능이 있다고 말하지 않는 이유도 여기에 있어. 필요한 사항들을 스스로 분석하지도, 새로운 정보와 기존 정보를 통합적으로 고려해 창의적 결론에 이르지도, 더 나아가 도달한 결론에 맞게 실제 행동하지도 못하니까. 계산기는

어느 것 하나 부합하지 않지. 그래서 인공지능으로 불리기 어려워.

집에서 쓰는 컴퓨터도 마찬가지야. 컴퓨터는 인간보다 더 효율적으로 일을 처리하지만, 스스로 분석하거나 통합적으로 사고하지 못해. 가령 그림을 그리는 프로그램을 이용해 컴퓨터로 그림을 그릴 수 있지. 그때 그림을 그리는 건 사람이지 컴퓨터가 아니야. 컴퓨터는 도구에 불과하지. 붓이나 물감 같은 도구인데, 좀 더 편리하고 효율적인 도구인 거야. 그리고 나서 맘에 안 드는 부분을 지우거나 변경하기 쉬우니까. 반면에 딥드림 같은 인공지능 프로그램은 스스로 그림을 그릴 수 있어.

사실 인공지능 기술은 멀리 있지 않아. 일상에서 쉽게 만날 수 있거든. 로봇 청소기, 챗GPT 같은 대화형 인공지능, 애플의 '시리' 같은 인공지능 비서, 온라인 게임에 등장하는 NPC(Non Player Character, 도우미 캐릭터) 등에도 적용돼 있어.

## 인공지능의 엔진, 알고리즘

그렇다면 기계가 지능을 갖춘 것처럼 작동하려면 어떻게 해야 할까? 이때 중요한 게 바로 알고리즘+이지. 처음 들어 보는 말이야? 인공지능에 조금이라도 관심 있는 친구들은 들어 봤을 텐데, 그렇지 않은 친구들은 처음 듣는 말일 거야. 말이 좀 어렵고 낯선데, 전혀 기죽을 필요 없어. 알고 보면 별거 아니거든.

+ **알고리즘(algorithm)** 철자에서 보듯 '알고리듬'이라 표기해야 정확해. algorithm을 일본어로 번역한 '아루고리즈무'를 다시 한국어로 번역하는 과정에서 '알고리듬'이 아니라 '알고리즘'이 된 것으로 보여. 이 용어는 페르시아 수학자 알콰리즈미의 이름에서 유래했어. 대수학의 아버지로 불리는 알콰리즈미는 사칙연산을 만들고 유럽인에 0을 전파한 인물이야. 그의 이름에서 셈법을 뜻하는 알고리즘(algorism)도 나왔지.

쉽게 설명해 줄 테니까, 잘 들어 봐. 알고리즘은 간단히 말해 어떤 문제를 해결하기 위한 '논리적 방법이나 절차'로 이해할 수 있어. 아직도 어렵지? 예를 들어 줄게. 만약 너희가 여행을 가게 돼서 짐을 싼다고 해 봐. 가방에 대충 짐을 때려 박는 사람도 있지만, 더 요령껏 짐을 싸는 사람도 있을 거야. 좀 더 효율적으로 짐을 꾸리려면 어떻게 해야 할까?

우선, 방바닥에 가져갈 짐들을 쫙 펼쳐 놓거나 목록을 작성해 보면 좋겠지. 다음으로 짐 쌀 때 중요하게 고려할 점들을 몇 가지 추려 볼 수 있을 거야. 부피가 크고 무거운 짐은 어디에 넣을지, 자주 꺼내 쓰는 짐은 별도로 보관할지, 깨지거나 젖을 수 있는 짐은 어떻게 꾸릴지 등등. 이런 것들을 중심에 놓고 짐을 어떻게 쌀지 계획을 세우면 돼. 이걸 좀 더 체계적으로 정리하면 그림과 같은 순서도가 되겠지.

일상에서 우리는 자기도 모르게 이런 방식을 활용하고 있어. 머릿속으로 명확하게 어떤 순서도를 그리고 행동하는 건 아니지만, 대충이라도 '이럴 땐 이렇게 하고, 저럴 땐 저렇게 해야지' 생각하고 행동하지. 이런 생각의 흐름을 체계화하면 알고리즘이 되는 거야. 뭐랄까, '생각의 지도' 같은 거지. 모르는 길을 찾아가려면 지도가 필요하듯, 문제를 해결하려면 생각의 지도가 필요해. 말은 낯설지만, 설명을 들어 보니까 알겠지?

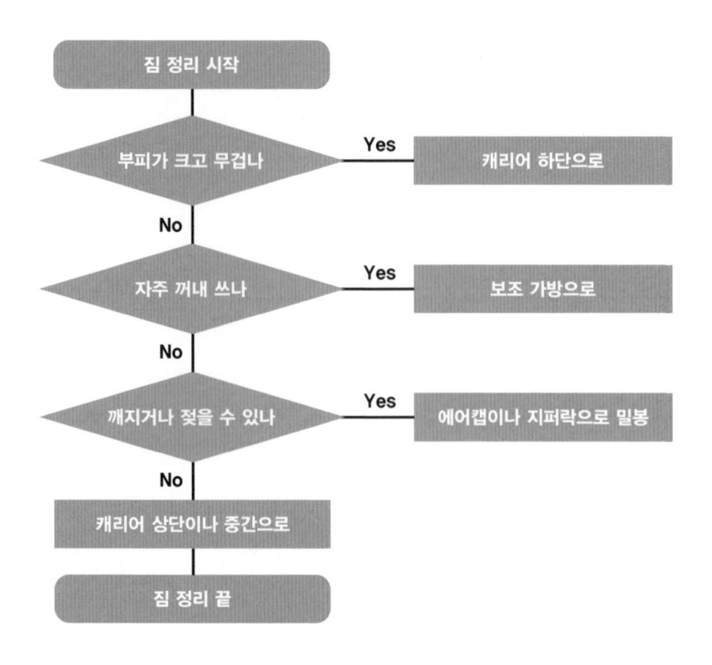


방금 다룬 알고리즘을 인공지능에 접목해 설명해 볼게. 미로의 길을 찾는 인공지능을 개발한다고 해 볼까. 왼쪽 상단의 입구에서 오른쪽 하단의 출구로 가는 길을 어떻게 찾을 수 있을까? 몇 가지 규칙을 정해 주면 길을 찾을 수 있어.

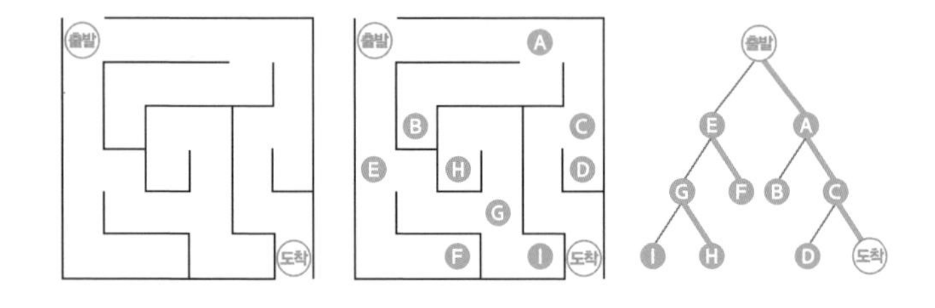

**규칙 1**–현재 위치 저장

현재의 위치가 갈림길이면, 즉 길이 두 갈래 이상으로 갈라지면(Ⓐ 경우처럼) 위치를 기억한다.

**규칙 2**–이동

지나온 길을 제외하고 남은 길이 없을 때까지 다음을 반복한다.

**2–1** 이동할 길이 있으면 같은 방향으로 계속 움직인다. 지나온 길은 기억한다.

**2–2** 막힌 곳이 나오면(Ⓑ 경우처럼) 규칙 3으로 넘어간다.

**규칙 3**–갈림길로 되돌아가기

규칙 1에 따라 기억한 위치로 돌아가 이전에 가지 않은 길로 다시 간다.

예를 들어 출발선상에서 Ⓐ로 이동해. 규칙 1에 따라 갈림길임을 기억하지. 그리고 규칙 2에 따라 Ⓑ나 Ⓒ 둘 중 하나로 가는 거야. Ⓑ 쪽을 선택해서 그 방향으로 갔다고 해 봐. 그런데 길이 막혀 있네. 규칙 2–2에 따라 규칙 3으로 넘어가. 규칙 3에 따라 Ⓑ로 오기 전 갈림길 Ⓐ로 돌아가 이전에 가지 않은 Ⓒ 쪽을 선택해서 이동해. 이런 식의 과정을 여러 번 반복하다 보면 결국 출구에 도달할 수 있어.

인공지능에 규칙 1, 규칙 2, 규칙 3을 부여하면 복잡한 길도 찾아낼 수 있겠지? 이렇게 일정한 규칙을 정해 놓고 해결책을 찾아가는 과정을 알고리즘이라고 해. 이런 알고리즘이 없다면 인공지능은 지나온 길을 무한히 맴돌면서 미로를 빠져나오지 못할 거야. 스타크래프트 같은 게임에서 길 찾기를 할 때도 이런 알고리즘이 사용되지.

인공지능은 알고리즘으로 문제를 해결해. 내비게이션, 동영상(유튜브) · 쇼핑(아마존) · 드라마(넷플릭스) 추천 서비스, 검색 엔진(구글·네이버처럼 웹에서 자료를 찾을 수 있게 돕는 소프트웨어) 등 인공지능이 활용되는 모든 곳에 알고리즘이 있지.

playentry.org에서는 누구나 쉽게 알고리즘을 설계하는 '코딩 학습'을 할 수 있어. 알고리즘과 코딩에 관심이 있는 학생에게 유익한 사이트야. 아주 초보적인 코딩 교육부터 시작할 수 있지. 첫 화면에 보이는 '엔트리 첫걸음'을 클릭하면 초등학교 1학년도 학습할 수 있는 쉬운 강의가 나와. 누구나 무료로 이용 가능하니까 부담 없이 방문하면 좋을 거야.

## 인공지능과 로봇의 차이

알파고는 로봇의 몸을 빌리지 않고 프로그램만으로 작동하는 AI야. 아, AI부터 설명해야겠구나. 인공지능의 영어식 표기야. 인공지능을 영어로는 Artificial Intelligence라고 하거든. 앞 글자만 따서 AI라고 부르지. 인공지능은 프로그램 형태로 쓰이기도 하지만, 현실에서는 로봇의 형태로 구현될 때가 많아. 인공지능 논의에서 로봇 이야기가 빠지지 않는 이유야. 물론 인공지능이 곧 로봇이란 뜻은 아니지.

그럼 인공지능과 로봇의 차이는 뭘까? 로봇이 되기 위한 3요소가 있어. 지능, 움직임, 상호작용이야. 지능이 있어야 하고 움직일 수 있어야 하며 인간 혹은 다른 사물과 상호작용이 가능해야지. 여기서 지능이 바로 인공지능이란 사실은 설명 안 해도 알겠지? 인공지능은 로봇에 탑재된 두뇌에 속한다고 보면 돼. 그러니까 로봇은 인공지능을 탑재한 움직이는 기계로 이해할 수 있어.

로봇 3요소를 갖춘 대표적인 기계가 뭘까? 자율주행차야. 보통은 자동차를 로봇으로 분류하지 않지. 우리가 자동차를 타면서 로봇에 탑승한다고 말하지 않잖아? 그런데 자율주행차는 개념상 로봇에 속하지. 생각해 봐. 저절로 운행하는 기능에서 지능을 갖췄다고 볼 수 있고, 자동차니까 당연히 움직일 수 있겠지? 상호작용은 운전자, 더 나아가 주변 차들과 할 수 있지. 자율주행차는 어느 모로 보나 로봇인 거야. 다만 인간처럼 생긴 로봇은 아니지.

로봇은 크게 두 종류로 나눌 수 있어. 산업용 로봇과 서비스

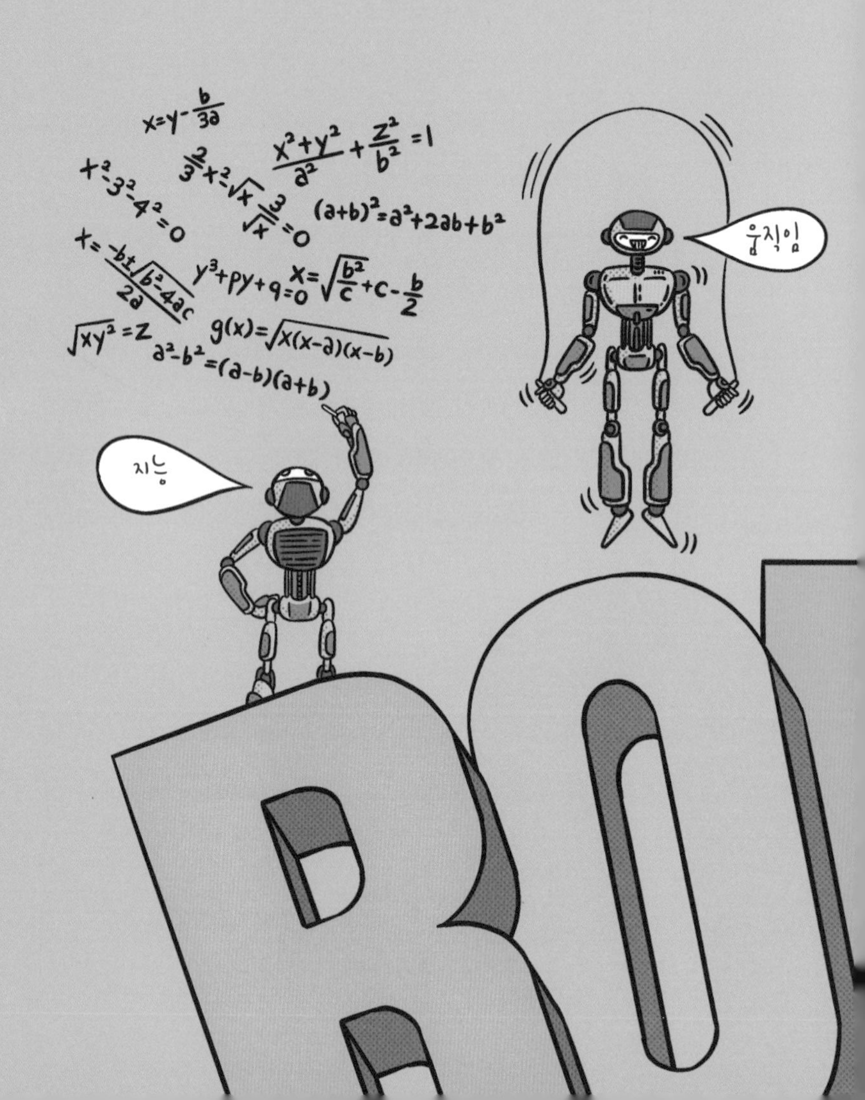

로봇이야. 산업용 로봇은 주로 공장에서 제품을 만들고, 서비스 로봇은 청소나 간병 등 일상에서 서비스를 제공하지. 지금까지 로봇은 이렇게 두 가지로 구분돼 왔는데, 최근에 소셜 로봇(Social Robot)이 등장했어. 산업용 로봇과 서비스 로봇이 사람을 위해 특정한 업무를 대신한다면, 소셜 로봇은 대화와 몸짓을 통해 사람과 정서적으로 소통하는 로봇이야.

서비스 로봇은 서비스의 종류에 따라 다시 구분할 수 있어. 대표적으로 영업용 손님 응대 로봇, 간병 및 실버 케어 로봇, 전문 치료 로봇, 협동 로봇(재난 구조 로봇) 등이 있지. 서비스 로봇은 대체로 사람이나 애완동물과 비슷하게 생겼어. 서비스를 받는 사람에게 거부감 없이 편안하고 친근하게 다가가기 위한

디자인이야. 물론 로봇 청소기처럼 다소 다르게 생긴 로봇도 있지만, 대화를 주고받고 서비스를 제공하는 로봇은 대개 사람의 모습을 하고 있지.

인간과 비슷하게 생긴 로봇을 흔히 인간형 로봇이라고 불러. 서비스 로봇과 소셜 로봇이 여기에 포함되지. 인간형 로봇을 이야기할 때 자주 등장하는 개념이 휴머노이드, 안드로이드, 사이보그야. 사이보그는 휴머노이드, 안드로이드와는 성격이 좀 다른데. 먼저 휴머노이드와 안드로이드를 비교해 보고, 사이보그가 왜 다른지 설명해 줄게.

휴머노이드는 인간의 모습을 한 인간형 로봇을 가리키지. 휴머노이드(Humanoid)는 사람을 뜻하는 Human과 '~와 같은 것' 이란 의미의 접미사 -oid가 합쳐진 말이야. 그러니까 휴머노이드는 '사람 같은 것' 정도로 이해하면 되지. 머리와 몸통, 팔다리를 갖춘 로봇이거든. 그래서 '두 발 로봇' 혹은 '2족 보행 로봇'으로도 불리지.

휴머노이드는 사람과 비슷하게 생기긴 했지만, 겉모습이 사람과 뚜렷이 구별되지. 즉, 사람과 비슷하지만 사람으로 착각할 정도로 사람을 닮은 건 아니야. 만화 속 주인공 건담이 바로 휴머노이드야. 실제 로봇으로는 일본의 아시모나 한국의 휴보가 있어. 이들 로봇은 생김새가 사람과 비슷하긴 하지만, 사람

**로봇의 종류**

| 용도 | 종류 | 생김새 |
|---|---|---|
| 인간 업무 대체 | 산업용 로봇 | 기계형 |
| | 서비스 로봇 | 인간형 (휴머노이드, 안드로이드) |
| 인간과 정서적 소통 | 소셜 로봇 | |

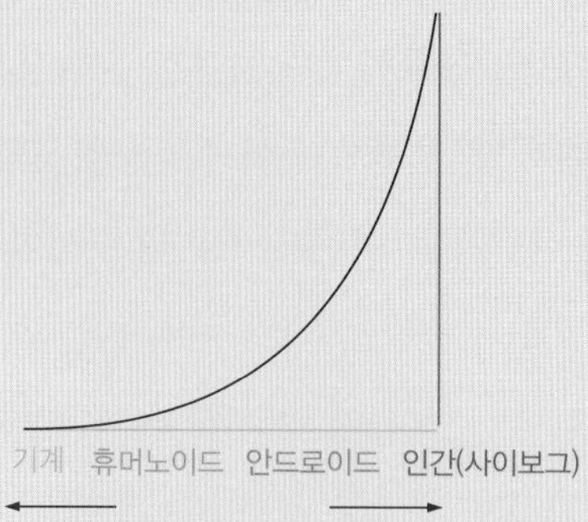

기계 휴머노이드 안드로이드 인간(사이보그)

**얼마나 인간에 가까운가?**

과 뚜렷이 구별되지.

안드로이드*는 휴머노이드와는 또 다르지. 혹시 안드로겐이라고 들어 봤어? 안드로겐은 남성호르몬을 뜻해. 'Andro'와 'gen'이 합쳐진 말인데, Andro는 남성을, -gen은 발생(發生)을 뜻하거든. 안드로(Andro)는 남성을 포함해서 인간 전체를 가리키기도 해. 안드로이드는 'Andro(인간)'와 'oid'의 합성어야. oid

는 좀 전에 나왔지? '~와 같은 것', '~과 닮은 것' 이런 의미라고 했잖아. 결국 어원상에서 휴머노이드와 안드로이드는 뜻이 똑같지.

남성을 뜻하는 안드로가 왜 인간을 가리킬까? 이런 의문이 떠오른 사람도 있을 거야. 이건 남성 중심 사회의 흔적이지. 남성을 뜻하는 man은 인간 전체를 뜻하기도 해. 한국어에서도 '자(者)'는 놈(남성)을 뜻하지만 사람을 뜻하기도 하지. 예를 들어 학자(學者)에서 '者'는 남자가 아닌 사람을 뜻해. '학문을 연구하는 남자'가 아니잖아. 이런 식으로 많은 언어에서 남성을 뜻하는 단어가 인간을 뜻해.

안드로이드는 겉모습이 인간과 구분이 안 될 정도로 비슷한 로봇을 가리키지. 산업용 로봇이나 휴머노이드처럼 일반적인 기계 로봇이 아니라 피부와 장기, 두뇌까지 사람과 흡사한 인조인간이라 할 수 있어. 겉모습만 보면 사람과 구분하기 어렵지. 영화 〈A. I.〉에 나오는 데이빗이나 〈바이센테니얼 맨〉에 등

✚ **안드로이드** 안드로이드란 말을 처음 쓴 사람은 프랑스 소설가 빌리에 드 릴아당으로 알려져 있어. 정확히 그가 사용한 단어는 '안드레이드(andreide)'야. 1886년 발표된 그의 소설 《미래의 이브》는 어느 발명가가 영국의 귀족 청년을 위해 여성 인조인간을 만들어 준다는 내용을 담고 있는데, 이 인조인간을 가리키면서 '안드레이드'라는 표현을 썼어.

장하는 앤드류가 그런 안드로이드야. 데이빗과 앤드류는 사람과 구분이 안 되거든. 아직까지 그런 완벽한 수준의 안드로이드는 나오지 못했어.

안드로이드는 스마트폰을 얘기할 때 많이 언급되지. 일명 안드로이드 스마트폰. 애플의 아이폰은 iOS라는 운영체제를 쓰지만, 삼성, LG, 소니, 화웨이 등 많은 스마트폰 제조사들은 안드로이드 운영체제를 쓰고 있거든. 그래서 이들이 만든 휴대폰을 안드로이드폰이라고 불러. 인간을 닮은 기계를 만들겠다는 뜻에서 그런 이름을 붙였을 거야.

마지막으로 사이보그는 사이버네틱 유기체(cybernetic organism)의 줄임말이야. 신체 일부를 기계화한 사람을 가리키지. 따라서 사이보그는 원래 로봇과 관련 없는 단어야. 기계 장치를 몸에 달고 있으면 사이보그라고 할 수 있어. 심지어 의족, 의수, 인공장기 등을 한 사람조차 사이보그로 보기도 하지. 기계 장치를 전자 장치로 제한하지 않는 한, 의족 등도 분명 기계에 속하니까. 그러니까 사이보그는 로봇이 아니라 사람이야.

〈로보캅〉이라는 영화가 있었어. 사고로 팔다리를 잃은 주인공이 기계로 된 인공 팔과 다리를 장착하고 범죄자를 소탕하는 내용의 영화야. 영화에 등장하는 주인공이 '로보캅'으로 불리지. 로보캅은 로봇과 캅(cop, 경찰)이 합쳐진 말이야. 로보캅은 사람의 뇌와 기계 몸이 결합한 사이보그지. 휴머노이드나 안드로이드가 기계가 인간화된 거라면, 사이보그는 인간이 기계화한 거야. 그래서 사이보그는 인공지능과 크게 관련이 없어. 지능을 가진 인간을 기계적으로 확장한 거니까.

휴머노이드가 점점 사람을 닮아 가다가 어느 순간 혐오감을 불러일으키는 때가 있어. 이를 언캐니 밸리 효과라고 부르지. 언캐니(uncanny)는 '묘한', '이상한', '섬뜩한' 등을 뜻해. 정신분석학의 아버지로 불리는 지그문트 프로이트는 〈언캐니〉라는 짧은 논문에서 언캐니라는 복잡미묘한 심리를 분석했지. 친숙한 무언가가 일상성을 벗어나서 기이하고 공포스러운 느낌을 줄 때가 있어. 상냥하던 사람이 갑자기 욕설을 한다거나 반대로 괴팍하던 사람이 갑자기 지나친 친절을 베풀 때 드는 감정이 언캐니야.

언캐니 밸리는 뭘까? 로봇은 사람과 조금씩 닮아 가면서 친밀도를 높이지. 그런데 어느 순간 사람과 너무 닮게 되면 친밀도가 뚝 떨어진다고 해. 무표정한 얼굴, 생각을 알 수 없는 표정, 의도가 전달되지 않는 기계적 몸동작 등이 낯설고 무서운 느낌을 주는 거야. 호감이 혐오감으로 바뀌는 급격한 변화 곡선이 계곡을 닮았다 해서 계곡을 뜻하는 valley를 붙여 언캐니 밸리라고 부르지. 로봇을 보고 무섭다거나 징그럽다고 느낀다면 언캐니 밸리에 빠진 거야.

휴머노이드가 어설프게 인간을 흉내 내면 언캐니 밸리 효과를 일으키지. 그런 어설픔을 털어 버린, 그래서 혐오감이 들지 않는 로봇이 안드로이드야. 안드로이드는 언캐니 밸리에 빠질 염려가 없어. 애초에 사람과 구분이 안 될 정도로 똑같으니까. 영화 〈블레이드 러너〉에는 "인간보다 더 인간답게(More Human than Human)"라는 표현이 나와. 영화에서 인간과 똑같은 인조인간을 생산하는 기업이 내세우는 모토야.

인간 같은 존재를 만드는 건 인류의 오랜 꿈이야. 그러나 현재 기술로는 안드로이드를 만들기 어렵지. 로봇 기술도 부족하지만, 인공지능 기술도 한참 모자라거든. 인간과 같이 다양한 일을 두루두루 할 수 있는 범용적 지능을 갖춘 인공지능은 아직 멀었다는 관측이 우세해. 범용(汎用)은 여러 분야에 두루(汎) 쓰인다(用)는 뜻이야. 인공지능이 비약적인 발전을 이루고 있지만, 인간 수준의 지능을 갖추려면 아직도 갈 길이 멀지. 이 부분을 이해하려면 인간의 뇌에 대해서 좀 알고 갈 필요가 있어.

인간이 생각할 수 있는 건 뇌 속에 있는 뉴런 덕분이야. 뉴런은 신경계의 기본 단위인데, 신경 세포가 여기에 해당하지. 뉴런 덕분에 우리는 느끼고 생각하고 대화하고 움직이고 기억할 수 있어. 혹시 인간의 머릿속에 몇 개의 뉴런이 있는지 알아? 자그마치 1000억 개 넘는 뉴런이 넘실대고 있지. 반면에 바둑에서 인간을 이긴 알파고의 뉴런은 10만 개 정도였어. 뉴런 개수만 놓고 보면, 인간의 뇌는 알파고 100만 대와 맞먹는 수준이야. 오직 뉴런만 비교하면, 알파고는 아직 인간과 비교가 안 되지.

알파고가 천재적으로 바둑을 잘 두더라도, 인간처럼 다양한 활동과 작업을 못하는 이유도 여기에 있어. 인공지능을 탑재한 로봇은 앞서 지적했듯 산업용 로봇과 서비스 로봇이 따로 있지. 산업용 로봇은 서비스 로봇이 하는 일은 하지 못해. 반면에 알파고에 지긴 했지만 이세돌은 바둑도 두고 노래도 부르며 그림도 그리지. 오로지 바둑밖에 못 두는 알파고와 다른 거야. 또, 인간은 공장에서 일하다가 공사장에서 일할 수도 있고 식당에서 일할 수도 있어.

여러 활동을 자유자재로 할 수 있는 인간의 뇌는 넓지. 반면에 기계의 뇌(인공지능)는 깊어. 그래서 여러 활동을 동시에 수행하진 못하지만, 알파고처럼 특정 분야에선 인간을 뛰어넘지.

알파고는 뉴런 개수에서 인간에 못 미치지만 48층의 인공신경망을 가지고 있어. 48층의 신경망을 가지고 수십 만 판의 바둑 경기들을 학습했지. 반면 인간의 신경망은 10~20층 정도로 알려져 있어. 10~20층에 불과한 신경망에서 보듯 인간의 뇌는 얕지. 정리하자면 인간의 뇌가 얕고 넓다면, 인공지능은 깊고 좁아.

인공지능의 능력이 뉴런의 숫자로만 결정되는 건 아니지만, 인간이 가진 뉴런 개수에 맞먹는 인공지능을 만든다면 인간처

럼 다양한 분야에서 능력을 발휘할지도 몰라. 그러나 그게 현실적으로 쉽지 않지. 100만 대의 알파고를 준비하는 일도 어렵지만, 설사 준비한다 해도 100만 대의 알파고를 가동하는 일이 불가능에 가깝거든. 왜냐하면 우리가 상상하기 힘든, 어마어마한 전기가 필요하기 때문이야.

사람의 몸에서 전기가 만들어진다는 사실을 알고 있어? 정전기 아니냐고? 물론 정전기도 있지. 그것 말고 신경 세포들끼리 신호를 주고받을 때도 미세한 전기를 이용하지. 사람의 1000억 개 뉴런은 20와트의 전기로 작동하지만, 10만 개 뉴런을 가진 알파고는 200킬로와트를 써. 이를 다시 100만 배 이상 늘리려면 엄청나게 많은 전기가 필요하겠지? 원전 1기당 전력 생산량이 보통 100만 킬로와트니까 원전 200기가 있으면 가능할 거야. 인간의 지능을 넘어서는 인공지능 개발이 간단치 않은 이유를 이제 알겠지?

"설사 100만 대의 알파고를 연결한다 해도 이를 로봇의 머리에 넣을 수 없기 때문에 안드로이드를 만드는 건 애초에 불가능해." 이런 반론도 가능할 거야. 과거의 로봇은 로봇 내부에 내장된 컴퓨터 칩으로 작동했지. 당연히 물리적인 크기의 제한이 있을 수밖에 없었어. 로봇을 무한정 크게 만들 수 없을 테니까. 반면 미래의 로봇은 네트워크에 접속해 작동하게 될 거야. 쉽게 말해 로봇이 두뇌를 가지고 다닐 필요가 없지.

인공지능의 궁극적 목표는 인간 지능에 도달하는 거야. 인공지능이 인간 지능에 조금씩 조금씩 가까워지다 인간 지능에 이르는 때가 올지 몰라. 더 나아가, 인공지능이 인간 지능에 도달하면 인간 지능을 넘어서는 일은 식은 죽 먹기겠지. 그런 인공지능을 더 이상 인공지능이라 부를 수 있을까? 그때 인공지능은 어떤 모습을 하게 될까? 인간과 공존할 수 있을까? 아니면 인간과 대적할까? 꼬리에 꼬리를 무는 질문들이 쏟아지지. 이제부터 인공지능의 세계를 하나씩 탐험하면서 질문의 답을 함께 고민해 볼까.

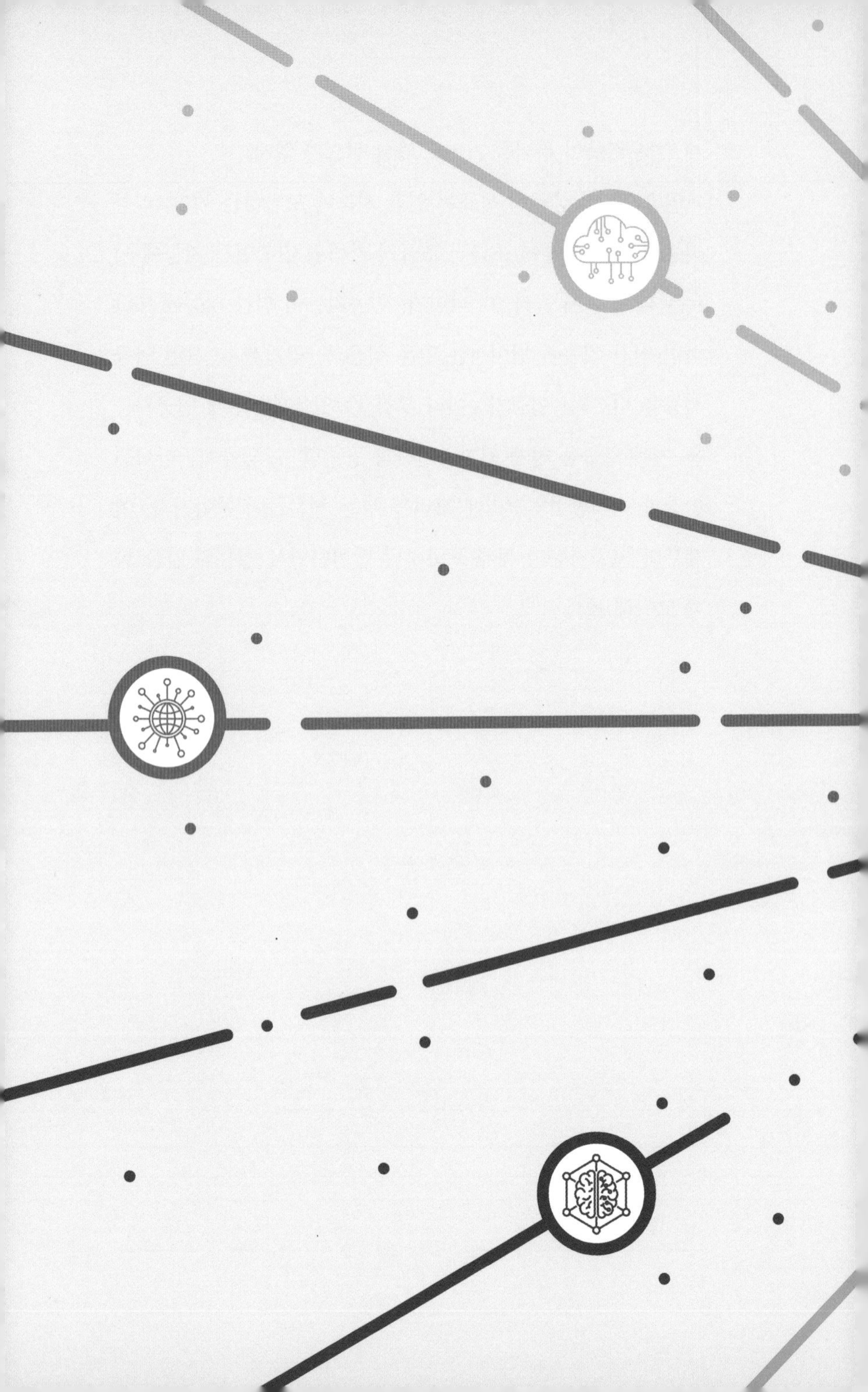

# 2

# 인공지능, 너 왜 지금 뜨는 거니?

## 인공지능이 걸어온 길

인공지능이 갑자기 뜨게 된 이유가 뭘까? 인공지능 연구는 예전부터 쭉 해 왔을 텐데 말이야. 인공지능이 왜 갑자기 뜨게 됐는지 알려면 인공지능 연구의 발자취를 좀 살펴볼 필요가 있어. "미래에 대한 최선의 예언자는 과거"라는 시인 바이런의 말처럼, 미래를 전망하려면 과거와 현재를 돌아볼 필요가 있지. 인공지능의 과거를 돌아본 뒤에, 인공지능의 발전을 이끈 기술적 배경을 살펴보도록 할까.

인공지능 연구가 시작된 것은 1950년대 중반부터야. 당시 일부 과학자들은 '생각하는 기계'를 만드는 문제를 고민하기 시작했어. 인공지능이라는 말은 1956년 미국의 수학자와 과학자들의 모임에서 처음 등장했지. 정확히는, 1955년 매사추세츠공과대학(MIT) 교수를 역임한 매카시 교수가 〈지능이 있는 기계를 만들기 위한 과학과 공학〉이라는 논문에서 처음 사용했어.

당시의 과학자들은 인공지능의 가능성에 대해 매우 낙관적이었지. 그래서 "앞으로 10년 안에 사람처럼 생각하는 기계가 나온다."라고 선언하기도 했어. 시작은 아주 좋았어. 1965년 봄에 컴퓨터로 수학 문제를 푸는 프로그램인 '논리 이론가(Logic Theorist)'가 개발됐지. 최초의 인공지능 프로그램이야. 논리 이론가는 당시에 매우 놀라운 프로그램이었어. 복잡한 수학 증명을 거뜬히 해결해 냈거든. 어려운 수학 증명을 기계가 척척 해내는 것을 보면서 사람들은 환호했지.

그러나 앞에서 본 미로 사례처럼 컴퓨터가 일정한 문제를 해결할 수 있도록 인간이 규칙을 직접 정해 주다 보니 한계가 있었어. 다양한 정보를 종합해서 해결해야 할 문제는 '규칙'을 정해 주는 게 쉽지 않았거든. 가령 두 사람이 가위바위보를 한다고 할 때 나올 수 있는 경우의 수가 몇 가지일까? 가위+가위, 가위+바위, 가위+보, 바위+가위, 바위+바위, 바위+보, 보+가위, 보+바위, 보+보, 이렇게 딱 9가지뿐이야.

그런데 바둑은 경우의 수가 어마어마하지. 바둑판은 가로 19줄, 세로 19줄로 총 361개의 교차점을 가져. 따라서 바둑돌을 놓을 수 있는 경우의 수는 $361 \times 360 \times 359 \times \cdots \times 3 \times 2 \times 1$에 이르지. 한마디로 361!(팩토리얼)이야. 이를 계산하면 10의 170승 정도가 되지. $10 \times 10 \times \cdots \times 10 \times 10$, 이렇게 10을 자그마치 170번 곱해야 하는 거야.

얼마나 긴 숫자인지 짐작이 되니? 종이 위에 한번 써 볼까. 먼저 10을 적고 그 뒤에 0을 169번 달아 봐. 쓰기만 하는 데도 한참 걸릴걸. 10의 170승은 얼마나 큰 숫자일까? 지구에 있는 모래알의 개수보다 더 많아. 이 정도로 상황이 복잡한 게임의 경우에 사람이 일정한 규칙, 즉 알고리즘을 정해 줄 수 있을까? 불가능하겠지.

또, 이런 식의 프로그램은 특정한 문제, 가령 수학 증명과 같은 문제를 해결하는 데는 아주 유용할 수 있지만, 현실의 문제를 창의적으로 해결하기에는 역부족이라는 의견이 힘을 얻었어. 현실 속 문제를 해결하려면 다양한 데이터를 종합해서 추론해야 하는데, 이를 위한 논리 설계의 어려움, 다시 말해 알고리즘 설계의 어려움으로 한계에 부딪혔거든. 예를 들어, 수학 증명을 해결하는 프로그램으로 번역기를 만들 수 있을까? 번역은 수학 문제를 풀 듯이 기계적으로 하기 어렵겠지. 같은 단어도 문맥에 따라서 의미가 달라지는 게 언어니까. 고정된 규칙만으로 변화무쌍한 언어의 표정을 담아내긴 불가능하지.

이런 문제들이 겹치면서 한때 인공지능 분야는 침체 상태에 빠지기도 했어. 이 시기를 '인공지능의 겨울'이라고 부르지. 인공지능 기술이 더 이상 발전하지 못한 채 일정한 동면기를 거쳐야 했거든. 인공지능의 겨울은 1970년대 말, 1980년대 말, 두 번 있었어. 인공지능이 필요 없다는 무용론이 나오고, 정부의 연구비 지원도 끊겼지.

여기서 한 가지 짚고 넘어갈 부분은 혁신적 연구가 민간에서만 나오는 건 아니라는 점이야. 우리는 기업이 엄청난 연구개발 투자를 해서 혁신적 기술이 나온다고 생각하지. 사실 기업은 투자할 만한 가치가 있는 분야에만 투자해. 투자 성과가 불투명한, 즉 큰돈을 벌 수 있다는 판단이 서지 않는 분야는 투자하지 않지. 기업이 투자 결정을 했을 때는 이미 사업적 가치가 확인됐다는 뜻이야.

대체로 정부의 연구 지원은 수익과 상관없이 이뤄지지. 우주 개발, 신약 개발 등 여러 분야가 그렇게 발전해 왔어. 미국의 사례를 볼까. 1995년 진행된 MIT 연구에 따르면, 과거 25년 동안 의학적으로 중요한 신약의 79퍼센트가 정부의 지원으로 개발이 시작됐어. 1990년 이전에 개발된 중요한 신약의 3분의 2가량이 정부 지원이 없었다면 개발이 못됐거나 지연됐을 거라고 해.

인공지능도 마찬가지야. 인공지능이 부흥기를 누리거나 침체기를 맞은 때는 미국을 비롯한 각국 정부의 투자 시기와 정확히 일치하지. 이게 무슨 뜻일까? 정부 지원이 없었다면 지금의 인공지능도 없었을지 몰라. 이런 얘기를 하는 이유는 민간 기업만이 기술 혁신과 발전의 주체가 아니란 점을 말하고 싶어서야.

다시 돌아가서, 정부 지원이 끊긴 뒤로 인공지능 기술의 발전은 지지부진했지. 그런 상황에서 머신러닝(machine learning)이 인공지능의 구원자로 벼락같이 등장했어. 머신러닝은 machine(기계)과 learning(학습)의 합성어로 '기계 학습'을 뜻하지. 쉽게 말해, 컴퓨터가 스스로 배우기 때문에 '머신러닝'이라고 불러. 다만, 사람이 컴퓨터에 연습 문제를 제공해 주지. "A라는 정보가 들어왔을 때, 그 대답은 B야." 이런 식의 예제를 많이 주지. 그러면 컴퓨터는 예제를 통해 학습한 내용으로 새로운 문제를 스스로 해결해. 머신러닝의 기초는 1980년대에 제시됐지만, 본격적인 발전은 1990년대부터 시작했어.

머신러닝은 인간의 사고 유형과 비슷한 학습 방식을 따른다고 보면 돼. 예를 들어, 사람은 자동차의 개념을 배워서 자동차를 아는 게 아니야. 바퀴는 4개, 연료는 석유, 엔진으로 구동, 이런 사실을 배워서 자동차를 아는 게 아니지. 그저 그림책 등을 보면서 승용차나 트럭에 대해서 알아 가는 거야. 그리고 밖에 나가서 지나가는 차들을 보면서 "저건 트럭, 저건 승용차" 하며 배운 지식을 활용하지.

## 딥러닝, 인공지능을 강화하다

최근 들어서 인공지능이 비약적으로 발전하고 있어. 그 비결은 앞서 언급한 머신러닝, 좀 더 정확히는 딥러닝 덕분이야. 머신러닝과 딥러닝을 자세히 설명하기 전에 이들 기술이 등장하기 전까지의 상황을 간단히 설명해 줄게.

머신러닝, 특히 딥러닝이 발전하기 전까지는 컴퓨터가 사람이 하는 것처럼 사물을 분류하거나 인식하기 어려웠어. 가령 컴퓨터가 강아지를 인식하도록 만들기 위해서 컴퓨터에 정보를 입력해 준다고 해 봐. 다리가 4개라든지, 꼬리가 있다든지, 온몸이 털로 덮여 있다든지 등의 정보 말이야. 그런데 다리가 4개에다 꼬리와 털이 있다고 전부 다 강아지인 건 아니잖아? 소일 수도 있고, 양일 수도 있고, 고양이일 수도 있으니까.

그렇다면 강아지와 고양이를 어떻게 구분시킬까? 강아지의 눈매가 고양이보다 덜 날카롭다는 정보를 넣어 준다고 해 볼까. 이런 식의 정보를 더 많이 입력해 줘도 컴퓨터는 강아지를 잘 인식하지 못하지. 강아지와 비슷한 대상들이 너무 많기 때문이야. 사람 눈에는 전혀 비슷해 보이지 않더라도 말이지. 또, 인간이 입력해 준 정보 말고 예외적인 정보도 많아. 상황이 이렇다 보니, 아무리 정보를 많이 줘도 강아지를 구분하는 일은 여간 어렵지 않지.

사진은 페이스북이 만든 인공지능이 구별에 실패한 머핀과 치와와, 고양이와 아이스크림 사진이야. 자, 어떤 정보들을 입력해 주어야 비슷해 보이는 머핀과 치와와를 정확히 구분할 수 있을까? 그 차이를 정보화해서 컴퓨터에 넣어 주는 일이 아무

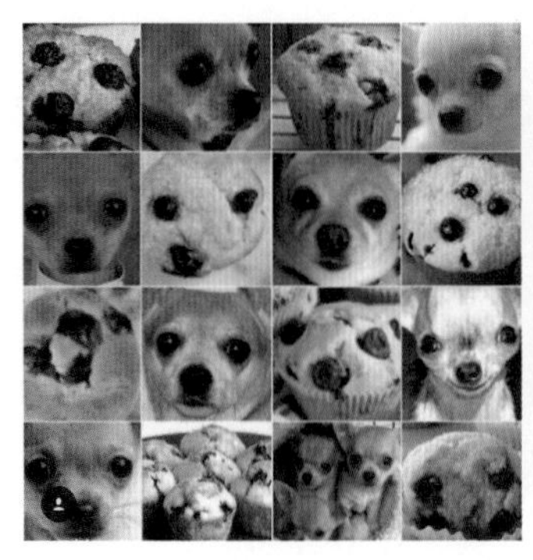

래도 쉽지 않아 보이지. 치와와 외모를 정확히 알려 줄 수 있더라도 사진을 찍는 각도에 따라 크기나 색깔이 달라지고, 뛰거나 구르거나 누워 있는 등 자세가 바뀔 때마다 다른 동물이나 사물로 인식될 수 있으니까.

반면에 인간은 치와와를 아주 쉽게 구분해 내지. 치와와 몇 마리만 보고도 다른 개를 보면 치와와인지 아닌지 금방 알아볼 수 있어. 아이들도 쉽게 구분하지. 치와와가 찡그리거나 얼굴에 그늘이 져서 모습과 색깔이 달라 보여도 어렵지 않게 구분할 수 있어. 그러나 컴퓨터는 그렇게 못했지. 여기서 치와와의 표정이 변하거나 얼굴이 빛에 따라 달라져 보이는 걸 대수롭지 않게 생각할 수 있어. 인간의 눈은 그런 미세한 차이에 영향받지 않고 대상을 쉽게 알아보니까.

이런 능력은 눈의 정교함이라기보다 뇌의 정교함으로 이해하는 게 맞지. 무슨 말이냐고? 인간이 대상을 보고 파악할 땐 눈보다 뇌가 더 중요한 역할을 한다는 뜻이야. 눈의 기능적 측면 못지않게 뇌의 이미지 처리 능력이 매우 중요하지. 이미지 처리 문제는 바둑, 질병 진단 등 최근 눈부신 발전을 거듭하고 있는 인공지능 분야에서도 중요한 문제니까 잠깐 살펴보도록 하자고.

그림을 한번 볼까. 오른쪽 눈을 가리고 왼쪽 눈으로만 오른쪽의 작은 '+' 표시를 40cm 거리에서 볼래? 그 상태에서 천천히 그림 가까이로 다가가다 보면 어느 순간 왼쪽 그림의 주황색 동그라미가 사라질 거야. 이를 맹점(盲點)이라고 불러. 눈의 망막에 상이 맺히지 못하는, 쉽게 말해 볼 수 없는 부분이 맹점이

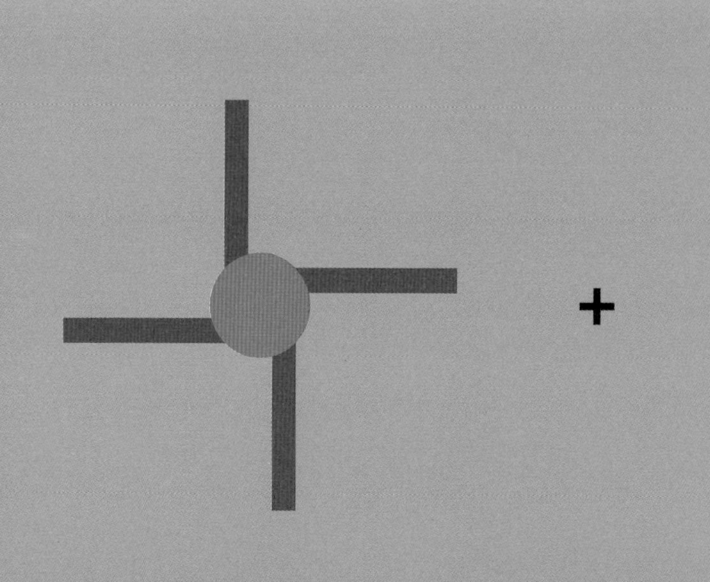

야. 우리는 평소에 이런 맹점이 있다는 사실조차 모르지. 이런 일이 어떻게 가능할까? 그 답도 이 그림 안에 있어.

왼쪽 눈으로 계속 '+'를 주시한 상태에서 왼쪽 주황색 동그라미가 사라진 자리가 어떻게 보이니? 맹점, 즉 볼 수 없는 부분이라면 그 위치에 아무것도 안 보여야 정상이겠지? 그 부분만 뻥 뚫린 것처럼 흐릿하게 보이거나 정반대로 까맣게 보여야 할 거야. 그런데 신기하게도 그 자리가 주황색 동그라미를 감싼 파란 띠로 채워져 있을 거야. 파란 띠가 끊어진 형태가 아니라 이어져 보이지. 이 모두가 뇌가 가진 놀라운 능력의 결과야. 결국 우리는 세상을 있는 그대로 보는 게 아니지. 우리가 보는 것은 객관적 형태가 아니라 뇌가 채워 넣은 영상이야.

여기서 우리는 사물을 인식하는 일이 눈 말고도 뇌와 연관된 문제라는 걸 확인할 수 있지. 인공지능도 마찬가지야. 기계의 눈이라고 할 수 있는 렌즈나 카메라가 아무리 정교해도 뇌에 해당하는 인공지능의 성능이 떨어지면 사물을 제대로 인식하기 어려워.

다시 치와와 얘기로 돌아가 볼까? 설사 아주 자세하고 세밀하게 설명해 줘서 컴퓨터가 치와와를 알아본다 해도, 치와와 말고 다른 품종의 개를 일일이 구별해 주려면 '끝없는 설명서'가 필요하겠지. 이렇듯 인간에게 쉬운 일이 컴퓨터에겐 어렵고, 컴퓨터에게 쉬운 일이 인간에겐 어려워.

그러다 인공지능 개발자들이 방법을 바꾸기 시작했어. 과거처럼 '강아지는 어떠어떠한 동물이다'와 같은 개념을 심어 줘서 강아지를 인식하도록 하는 게 아니라, 실제 강아지의 사례를 학습시켜 학습하지 않은 강아지를 인식하게 만들었거든. 이런 방법은 인간의 학습 방식과 비슷해. 우리가 강아지를 알아보는 과정을 떠올려 봐. 머릿속에 강아지에 대한 개념을 담아 두고 강아지를 알아보나? 실제 강아지나 사진 또는 영상 속의 강아지를 먼저 접한 후에 이를 바탕으로 강아지를 인식하지.

여기에는 딥러닝도 한몫했어. 딥러닝은 인공 신경망 모델을 말해. 인간의 두뇌가 작동하는 구조를 본떠 만든 게 딥러닝이야. 인간의 두뇌는 수많은 뉴런으로 이루어져 있어. 약 1000억 개로 알려져 있지. 뉴런은 시냅스라는 접합 부위로 연결돼 있어. 인공 신경망 역시 수많은 매개 변수를 뉴런이나 스냅스처럼 거느리고 있지. 2023년 세상을 발칵 뒤집어 놓은 대화형 인공지능 챗GPT는 1750억 개의 매개 변수를 가지고 있어.

알파고, 챗GPT 모두 딥러닝을 기반으로 학습했어. 앞에서 인간의 신경망은 10~20층 정도라고 했지? 인공지능의 신경망은 그보다 훨씬 더 높아. 이세돌을 이긴 알파고('알파고 리'로 부른다)의 알고리즘을 업데이트하여 더 우수한 성능의 '알파고

마스터', '알파고 제로' 등 후속작이 계속 나왔어. '알파고 제로'는 '알파고 리'와 대결에서 100:0으로 승리했어. '알파고 제로'가 '알파고 리'보다 훨씬 우수하다는 걸 알 수 있지. 알파고 제로는 70층의 신경망을 가지고 있어. 챗GPT의 GPT-3 모델은 무려 96층의 신경망을 거느리지.

딥러닝도 머신러닝의 한 분야야. 데이터를 이용해 학습한다는 공통점이 있어. 다만 딥러닝은 대규모 학습 데이터 처리에 장점이 있지. 훨씬 더 많은 데이터를 학습할 수 있고, 훨씬

더 풍부한 규칙을 찾아낼 수 있어. 사실 딥러닝은 2000년대 초반까지만 해도 인공지능 기술에서 주목받지 못했어. 그러다 2010년대 들어 부활의 날갯짓을 펼쳤지. 이미지 인식 분야에서 딥러닝이 뛰어난 성과를 내기 시작했거든. 2012년, 인공지능의 이미지 인식 성능을 겨루는 이미지넷 대회에서 딥러닝이 우승을 차지했어.

## 빅데이터의 발전

강아지와 고양이를 구분하는 일처럼 인간에게 너무나도 쉬운 일이 컴퓨터에겐 무지무지 어려운 일이었지. 그러다 최근 몇 년 사이에 인공지능 기술이 비약적으로 발전하게 된 데는 딥러닝과 함께 '빅데이터(Big Data)'도 중요한 역할을 했어. 빅데이터란 디지털 환경에서 만들어지는 방대한 양의 데이터를 가리키지.

딥러닝에 기반한 인공지능은 수많은 사례를 학습해서 강아지나 고양이를 구분하고 인식해. 한마디로, 주어진 데이터에서 일정한 패턴을 찾아내 사물을 분석하고 분류하는 거지. 그때 필요한 게 바로 엄청난 양의 데이터, 즉 빅데이터야. 빅데이터를 활용한 딥러닝은 이세돌 9단을 꺾은 알파고를 통해 유명해졌는데, 알파고는 6주에 걸쳐 무려 16만 개의 기보를 학습했어. 기보란 바둑을 둔 내용을 정리한 기록으로 이해하면 돼. 16만 개의 기보가 바로 빅데이터야. 빅데이터가 인공지능에 더없이 좋은 학습 자료인 셈이지.

2012년 스탠퍼드대학의 앤드루 응과 구글이 공동 연구로 고양이를 인식하는 프로그램을 개발했어. 여기에는 1000만 편의 유튜브 비디오가 활용됐다고 해. 1000만 편의 영상, 16만 개의 기보 등은 모두 빅데이터에 속해. 사실 인터넷의 바다에는 이보다 훨씬 많은 데이터가 넘실대지. 고양이 한 마리도 인식하기 어려웠던 컴퓨터가 빅데이터와 딥러닝 덕분에 고양이를 인식하기 시작했어.

SNS에 널려 있는 수많은 고양이 사진과 영상이 인공지능에게 요긴한 학습 자료가 되지. 많은 사람이 이용하는 트위터, 유튜브, 페이스북, 인스타그램, 카카오스토리 같은 소셜 네트워크 서비스(Social Network Service, SNS)에 사람들이 올리는 글, 사진, 영상 같은 것들이 모두 빅데이터를 구성하지. 그러니까 스마트폰으로 열심히 글과 사진, 영상 등을 올리는 너희들이 바로 인공지능의 학습 도우미이자 자료 제공자인 셈이야.

인공지능, 특히 딥러닝은 빅데이터 덕분에 사물 인식, 음성 인식, 기계 번역, 질병 진단, 이미지 분석 등 여러 분야에서 비약적인 발전과 놀라운 성과를 거두고 있어. 빅데이터를 활용한 대표적인 사례로 아마존의 '예측 배송'을 들 수 있지. 아마존은 구매 여부가 정해지지 않은 시점에 고객과 가장 가까운 물류 창고에 고객이 살 만한 물건을 미리 갖다 놓지. 그러려면 취향, 구매 이력, 소비 패턴 등을 종합적으로 분석해서 고객의 욕구를 정확히 예측해야겠지. 예측 배송 덕분에 주문과 동시에 배송이 시작돼.

예측 배송은 〈마이너리티 리포트〉의 범죄 예측처럼 신기해 보이지. 〈마이너리티 리포트〉는 범죄를 예측해 범인을 검거하는 내용을 뼈대로 하지. 범죄가 실제로 발생하기 전에 미래를 예측하는 시스템을 통해 범죄를 막고 범인을 잡는다는 내용이야. 예측 배송은 어떻게 가능할까? 좀 더 자세히 설명하자면, 기존 주문과 검색 내역, 장바구니와 위시 리시트에 담긴 상품, 반품 내역, 마우스 커서가 머문 시간 등 온갖 종류의 데이터를 차곡차곡 모아 놓지. 이런 데이터를 종합적으로 고려해 소비자 자신보다 소비자를 더 잘 알 수 있는 거야.

빅데이터는 인공지능 입장에선 일종의 경험이야. 인공지능이 경험할 수 있는 세계라고 할 수 있어. 경험의 세계가 커질수록 인공지능은 똑똑해지지. 사람이 경험이 쌓일수록 일을 잘하듯이 인공지능도 경험이 많아질수록 일을 잘하게 되거든. 인공지능은 빅데이터를 재료로 딥러닝을 하게 되면서 빠른 속도로 발전하고 있어. '빅데이터의 시대'가 도래할 수 있었던 건 여러 조건이 맞아떨어져서야.

크게 세 가지 조건을 얘기하지. 첫째 방대한 정보가 있어야 하고, 둘째 이를 보관할 커다란 창고가 필요하지. 셋째 방대한 정보를 빠른 시간 내에 처리할 수 있어야 해. 첫째 조건은 SNS 등이 활성화되면서 비교적 간단히 충족됐어. 앞에서 트위터, 페이스북 같은 소셜 네트워크 서비스에 사람들이 올리는 글,

BIG DATA
정보
창고
속도
POWER UP

사진, 영상 등이 모두 빅데이터를 이룬다고 설명했지?

둘째 조건은 저장 매체인 하드디스크의 가격이 떨어지고 클라우드(cloud)+ 기술이 발전하면서 가능해졌지. 클라우드는 데이터를 인터넷과 연결된 중앙컴퓨터에 저장하는 거야. 가령 알파고가 이세돌과 대결할 때 알파고는 엄청난 양의 데이터를 처리했지. 이 데이터를 처리하려면 커다란 저장 장치가 필요해. 그런데 구글 측은 저장 장치를 비행기에 실어 한국으로 옮기지 않았어. 영국에 서버를 두고, 인터넷으로 연결해 이용했거든. 이런 게 클라우드지.

셋째 조건은 컴퓨터의 계산 속도가 향상되면서 해결됐어. 계산 속도가 향상되는 데 중요한 역할을 한 게 GPU야. GPU가 뭐냐고? GPU는 'graphic processing unit'의 약자인데, 그래픽 처리 장치로 해석할 수 있어. 혹시 CPU는 들어 봤지? CPU는 컴퓨터의 중앙 처리 장치야. 컴퓨터의 연산을 담당하는 중요한 부분이지. 집에 있는 컴퓨터를 열어 보면 메인 보드의 정중앙

+ **클라우드(cloud)** 기존 컴퓨터는 운영체제와 소프트웨어를 필요로 해. 가령 컴퓨터로 글을 쓰려면 MS 워드 같은 소프트웨어가 필요하지. 또, 하드디스크 같은 저장 매체도 있어야 하고. 반면 클라우드 컴퓨팅은 개인 컴퓨터 또는 개인 서버를 '컴퓨터들의 구름(대규모 컴퓨터 집합)'으로 옮긴 형태야. 쉽게 말해, 데이터 저장뿐만 아니라 소프트웨어, 심지어 운영체제 역시 웹상에 저장해 두고 네트워크로 연결해 쓰는 방식이지.

에 자리 잡고 있는 부품이야. 기존 CPU는 시각 정보를 처리하는 데에 다소 부족했어. 이를 보완한 게 GPU라고 생각하면 돼. GPU가 나오면서 그래픽 처리 속도가 엄청나게 향상됐지.

참고로, 시각이 중요한 이유는 이래서야. 사람 두뇌의 60퍼센트 이상이 시각 처리를 담당하고 있어. 또, 외부 정보의 90퍼센트 가까이를 시각에 의존하지. 우리가 외부 세계를 파악할 때 어떤 감각에 주로 의존하는지 생각해 봐. 거의 대부분이 시각이잖아? 그래서 인간이 만든 많은 데이터도 상당수가 시각 정보로 이루어져 있어. 가까운 예로 우리가 온종일 들여다보는 컴퓨터, 스마트폰, 텔레비전도 대부분 시각 정보로 가득하잖아. 따라서 이런 데이터를 신속하고 정확하게 처리하려면 인공지능의 시각 처리 능력이 중요할 수밖에 없겠지.

알파고가 바둑을 잘 두는 것도 GPU의 향상 덕분이야. GPU 덕분에 기존 기보를 빠르고 정확하게 분석할 수 있어. 최근 들어 인공지능이 암 진단, 자율주행 기술, 위성 이미지 분석 등의 분야에서 놀라운 성과를 내놓는 것도 인공지능의 이미지 처리 기술이 획기적으로 향상된 결과지. 예를 들어 암 진단에 활용되는 인공지능은 혈액 분석 등을 통해 암을 찾아내는 게 아니야. 장기와 조직 등을 찍은 영상을 판독해 암을 찾아내지. 영상 판독은 사람의 시각처럼 이미지 처리 능력에 좌우되지.

## 4차 산업혁명

1990년대 중반부터 인터넷이 대중화되면서 웹상에 방대한 정보가 쏟아졌어. 시간이 흐를수록 정보의 양이 빠른 속도로 늘어났지. 하루에 생성되는 데이터의 양이 얼마나 될까? 그 양은 자그마치 인류 문명이 시작된 이래 서기 2000년까지 생성한 데이터의 양과 맞먹을 정도야. 또, 그렇게 하루하루 쌓인 데이터가 70일 정도가 되면 70일 전까지 인터넷에 있던 정보의 양보다 2배가 더 커지지. 한마디로 70일마다 인터넷 세상이 2배씩 커진다고 보면 돼. 이처럼 인터넷은 방대한 정보로 넘치지.

점점 더 커지는 인터넷 세상은 4차 산업혁명의 토대가 되지. 요즘 4차 산업혁명에 대해서 많이들 언급하지? 다들 한두 번 이상 들어 봤을 거야. 4차 산업혁명은 인공지능, 빅데이터, 로봇 기술, 사물인터넷⁺ 등을 아우르는 산업 변화로 볼 수 있어.

⁺ **사물인터넷** 사물에 센서를 달아서 실시간으로 데이터를 주고받는 환경을 말해. 쉽게 말해서, 물건들이 서로 대화할 수 있도록 해 주는 기술이지. 사람의 개입 없이도 물건들이 알아서 데이터를 주고받는 거야. 가전제품과 인터넷이 연결되는 스마트 냉장고, 스마트 에어컨 등이 이미 출시돼 있어.

갑자기 4차 산업혁명 얘기를 꺼내는 이유는 4차 산업혁명에서 인공지능과 빅데이터가 중요한 부분을 차지하기 때문이기도 하고, 4차 산업혁명을 정보의 관점에서 이해할 수 있기 때문이지.

4차 산업혁명에 대해 자세히 설명하기 전에 그 이전 상황을 잠깐 돌아볼까. 4차 산업혁명이 존재하려면 그전에 1차~3차 산업혁명이 있었겠지? 영국에서 시작된 증기기관 혁신을 1차 산업혁명(1750~1850년), 미국을 중심으로 한 대량생산 시스템의 도입을 2차 산업혁명(1850~1950년), 1970년대부터 본격화된 정보통신 기술혁명을 3차 산업혁명(1950년~현재)이라고 불러. 당연히 4차 산업혁명은 그 이후에 해당되겠지.

4차 산업혁명이 만들 미래의 모습이 구체적으로 안 그려지지? 정보, 더 나아가 빅데이터의 관점에서 보면 4차 산업혁명이 그리는 세상을 보다 명확히 이해할 수 있어. MIT의 닐 거센펠드 교수는 "세상은 아톰 세상과 비트 세상이 있다."라고 말했어. 아톰 세상은 원자(아톰)로 이루어진 오프라인 세상(아날로그 세상)을, 비트 세상은 정보(비트)로 이루어진 온라인 세상(디지털 세상)을 가리켜. 우리 삶을 돌아보면 밥을 먹고 몸을 움직이고 사람을 만나는 '물리적 세상'이 있고, 또 웹서핑을 하고 인터넷 쇼핑을 하고 컴퓨터게임을 즐기는 디지털 세상이 있잖아. 현대인은 누구나 아톰 세상과 비트 세상을 시계추처럼 오가며 살아

가지.

그런데 아톰 세상이 완벽하게 비트 세상과 일치하는 건 아니야. 아직까지 비트 세상은 아톰 세상을 따라잡지 못하고 있거든. 4차 산업혁명이 만들 미래는 바로 아톰 세상과 비트 세상이 완벽히 일치하는 세상이야. 1995년에 이미 세계적인 미래학자 네그로폰테가 《디지털이다》라는 책에서 "세상 전체가 인터넷 안으로 들어갈 것이다."라고 예언했지. 그는 책에서 아톰과 비트의 융합을 말했어.

4차 산업혁명의 좋은 사례가 실시간 내비게이션이야. 요즘 나오는 내비게이션은 실시간 교통정보를 반영해서 길을 안내해 주지. 이게 어떻게 가능할까? 도로 위에 있는 자동차의 움직임을 GPS를 통해 추적해서 그 정보를 클라우드 시스템에 집어넣어 인공지능으로 분석한 덕분에 가능하지. 거의 모든 사람이 내비게이션을 쓰기 때문에 (자동차가 오가는) 실제 세계와 (자동차의 움직임을 데이터화한) 가상 세계가 일치한다고 볼 수 있어. 이런 게 4차 산업혁명이 꿈꾸는 세계야.

내비게이션뿐만 아니라 생활의 모든 부분에서 실제 세계와 가상 세계를 일치시키는 세계가 4차 산업혁명이 그리는 세계라고 보면 돼. 여기서 중요한 게 사물인터넷이지. 사물인터넷을 통해 실제 세계에서 벌어지는 모든 일들이 그대로 온라인으로 옮겨 와 빅데이터를 이루고, 인공지능이 이 빅데이터를 분석해 필요한 서비스를 제공하는 거야.

아마도 미래의 일상은 이럴 거야. 따로 알람을 안 맞춰도 자명종이 알아서 울리지. 인공지능이 다이어리에 기록된 오전 미팅을 확인하고 평소의 외출 준비 시간이랑 실시간 교통 정보를 분석해서 자동으로 깨우는 거야. 씻는 동안 샤워기가 자동차에 신호를 보내지. 히터를 켜서 차를 예열해 놓으라는 신호야. 어때, 아주 편리하겠지? 인공지능과 사물인터넷이 결합한 미래 생활의 모습이야. 미래의 편리한 생활상에 대해서는 이어진 장에서 더 자세히 살펴보도록 하자.

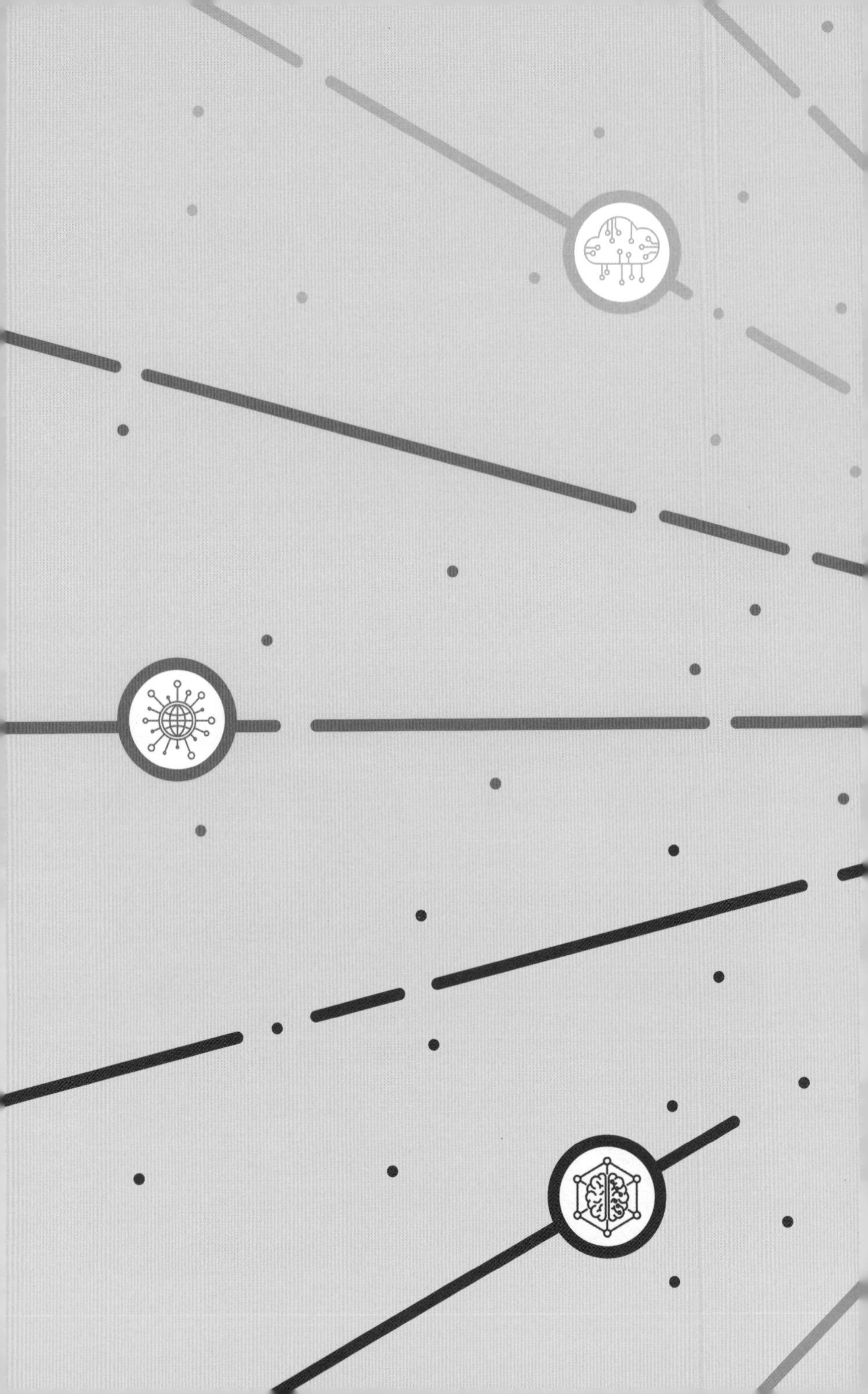

3
인공지능,
핑크빛 미래를 부탁해

## 자율주행차로 달리는 일상

이번에는 인공지능 기술이 구체적으로 어떻게 쓰일지 살펴보도록 할까. 인공지능은 우리 삶을 크게 바꿔 놓을 거야. 인공지능 기술이 적용될 분야는 무궁무진하지. 다양한 분야를 전부 다루긴 어렵고, 이미 상용화되었거나 상용화를 앞둔 분야 중에서 대표적인 기술을 살펴볼까 해. 교통, 의료, 생활 편의, 이렇게 세 분야를 중심으로 인공지능이 바꿀 미래의 생활상을 살펴보자고.

자율주행차(Self-Driving Car, SDC)의 멋진 모습은 영화 〈마이너리티 리포트〉에 등장해. 주인공이 외출 후 집으로 돌아오는 장면에 등장하지. 카메라는 주인공이 사는 초고층 건물의 거실과 거실 밖 근사한 풍경을 비추고 있어. 그때 창문이 열리더니 자동차가 베란다로 쑥 들어오지. 미래 자동차가 베란다에 마련된 전용 주차장을 이용한다는 설정이야. 지하주차장까지 가지 않고 집에서 자동차를 바로 이용할 수 있는 거지.

놀라운 장면은 이뿐이 아니야. 자동차의 모습도 흥미롭지. 핸들이 없고 브레이크와 가속 페달도 없어. 왜? 인공지능이 운전을 하기 때문이야. 사람이 운전하지 않기에 사이드미러 같은 것도 없지. 자동차의 앞뒤 구분 자체가 없어. 앞으로든 뒤로든 자유자재로 움직일 수 있으니까. 재밌는 건 안전벨트도 없다는 거지. 교통사고가 안 일어나기 때문이야. 인공지능이 모든 차를 제어하기 때문에 교통사고는 거의 사라진다고 봐야겠지.

경적과 신호등도 사라지지. 자동차들끼리 통신으로 연결돼 있어 어떻게 이동할지 서로 정보를 주고받을 테니까. 신호등이 없어도 안전하지. 인공지능은 과속도 신호위반도 하지 않으니까. 자율주행차는 피곤도 모르고 아프지도 않으며 음주운전도 안 해. 운전 중에 문자를 보내지도 않고. 지금보다 훨씬 더 안전한 교통 환경이 되겠지? 교통사고 가운데 90퍼센트 이상이 인적 요인으로 발생해. 즉, 기계 결함, 도로 문제 등이 아니라 사람의 잘못이라는 뜻이야. 그래서 진짜 안전한 자율주행차를 만들려면 무엇보다 핸들과 브레이크를 없애야 한다는 말도 있어.

사람이 핸들을 놓을수록 차량은 더 안전할 수 있어. 사람보다 빠르고 정확한 기계가 운전한다면 교통사고는 크게 줄어들 거야. 일론 머스크는 "무인자동차 시대에는 사람이 운전하는 게 불법이 될 것이다."라고 말했지. 2차 세계대전으로 죽은 사람이 6000만 명이야. 그런데 지금까지 자동차 사고로 죽은 사람이 그보다 더 많아. 세계보건기구에 따르면 전 세계에서 교통사고로 매년 135만 명이 죽지. 하루에 3698명꼴이야. 인공지능으로 교통사고 사망자를 줄일 수 있다면 그것만으로도 엄청난 혜택 아닐까?

사고만 줄어드는 게 아니라 덤으로 운전에 쓰는 시간도 아낄 수 있어. 자동차로 이동하면서 다른 일을 자유롭게 할 수 있거든. 책을 읽고, 업무를 보고, 편히 쉴 수도 있어. 또, 교통체증 자체를 줄여서 이동 시간을 줄일 수 있지. 대부분의 차량이 자율주행차로 바뀌면 도로의 효율성이 지금보다 2배 증가할 것으로 예측되지. 2015년 기준으로 한국의 교통혼잡 비용이 연간 33조 원을 넘었어. 미래에는 자율주행차로 교통사고는 줄어들고 여유시간은 늘어날 거야.

무인택배 차량이 24시간 운행하니까 택배가 늦게 올 일도 없어. 물론 그전에 드론 택배가 상용화될 가능성이 아주 높지만. 또, 장애인, 어린이, 고령자 등 교통 약자들 입장에서도 좋지. 운전을 전혀 못하는 어린이도 혼자서 차를 타고 이동할 수 있고, 특히 시각장애인이나 이동이 어려운 장애인도 어려움 없이 차량을 이용할 수 있어.

꿈같은 일로 보여? 구글의 자율주행차는 이미 800만 킬로미터의 시범 운행을 마쳤어. 지구를 자그마치 200바퀴 돈 거리야. 일반인은 평생 운전해도 50만 킬로미터를 넘기 어렵지. 시범 운전 중 18번의 교통사고가 발생했어. 한 번의 사고를 제외하면 모두 다른 차량의 과실이나 인간이 운전했을 때 발생한 사고야. 그만큼 높은 주행 성능을 자랑하지.

미국 자동차공학회는 자율주행차를 레벨 0부터 레벨 5까지 총 6단계로 구분해.

레벨 0부터 레벨 2까지는 주행 책임이 운전자에게 있어. 인간이 차량 운전의 주체이고, 시스템은 보조 역할이지. 레벨 0은 자율주행 기술이 전혀 없는 단계야. 현재 시중에 나와 있는 자율주행차는 대부분 레벨 2 수준이지. 자율주행 시스템이 속도를 조절하고 차선 이탈을 방지해. 이때도 운전자는 계속 전방을 주시하며 운전을 책임져야 해.

레벨 3부터는 얘기가 달라지지. 레벨 3부터는 주행 책임이 자율주행 시스템에 있어. 시스템이 차량 운전의 주체이고, 인간은 보조 역할이야. 시스템이 전체 주행을 관리하는 만큼, 운

전자가 전방에서 시선을 떼는 'Eyes off'가 가능해. 시스템에 운전을 맡겨 놓고 핸드폰이나 책을 봐도 되는 수준이 레벨 3이야. 영화에서나 보던 자율주행 기술은 레벨 3부터 가능해. 레벨 3에서도 위급 상황 등이 발생하면 운전자가 개입해야 해. 그래도 레벨 3부터는 시스템이 운행의 주체라는 점은 변하지 않아.

레벨 4와 레벨 5는 각각 '고등자동화'와 '완전자동화'로 불리지. 레벨 4와 레벨 5는 레벨 3과 달리 인간이 운전석에 앉는 단계가 아니야. 시장에서 레벨 4는 로보택시(자율주행 택시), 레벨 5는 무인차량 수준으로 평가해. 둘 다 운전석에 사람이 없어도 되지. 다만, 레벨 4는 만약을 위해 운전자가 차량의 주행을 통제할 수 있는 장치, 가령 브레이크 페달 등이 있지만, 레벨 5는 모든 장치가 사라진 단계야.

미국에서는 17개 주에서 레벨 3 이상의 주행을 허용하고 있고, 영국과 독일, 프랑스 등 주요 유럽 국가들은 공공도로에서 레벨 3 시험 주행을 허용하고 있어. 중국은 베이징 등에서 레벨 4 시험 주행을 허용하고 있어.

현재 국내외 관련 업체가 구현한 자율주행 기술은 대부분 레벨 2에 머물러 있어. 2023년 기준, 레벨 3을 상용화한 곳은 벤츠와 혼다, 2곳뿐이야. 일반 차량은 그렇고 택시는 좀 더 발전했어. 중국의 바이두는 자율주행 플랫폼 '아폴로 고'를 활용해

베이징, 상하이, 광저우 등에서 로보택시를 서비스하고 있어. 레벨 4 단계의 자율주행 시험 거리를 4000만 킬로미터 이상 축적했어.

## 나이 들수록 젊어지는 세상

인공지능은 의료 분야에서도 적극적으로 활용될 전망이야. 특히 질병 진단, 헬스 케어, 신약 개발 등과 관련해서 주목을 받고 있어. 헬스 케어는 전반적인 건강관리 시스템을 뜻하지. 질병 진단과 헬스 케어를 중심으로 의료 분야를 살펴볼까.

인간의 신경망은 10~20층 구조로 돼 있다고 알려져 있어. 그중에서 대뇌 시각피질은 6단계 층을 거쳐 사물을 인식한다고 해. 첫 번째 층에서 색을 인식하고, 네 번째 층에서 모양을 인식하는 식이야. 사물을 눈으로 보면 뇌가 바로 인식한다고 생각하지만, 실제 인식 과정은 여러 단계를 거치지. 바둑을 잘 두는 알파고는 인간의 신경망을 모델로 삼은, 딥러닝 인공지능이야. 알파고는 48층의 인공신경망을 사용했어. 일부 인공지능의 신경망은 무려 150층을 넘는다고 해. 층이 쌓일수록 인공지능의 성능도 개선되지.

인공지능이 많은 층의 신경망을 갖게 되면서 알파고처럼 특정 분야, 특정 능력에서 인간을 뛰어넘는 성과를 보이고 있어. 가령 시각 인지 능력에서 인공지능은 이미 인간을 뛰어넘었지. 사물 인식률을 비교하면, 인간은 97.53퍼센트 수준인데 인공지능은 거의 100퍼센트에 가까워. 2014년 페이스북은 97.25퍼센트의 정확도로 얼굴을 인식하는 딥페이스를 내놨고, 이듬해 구글은 정확도를 99.96퍼센트까지 높인 페이스넷을 선보였어. 99.96퍼센트는 1만 장의 사진 가운데 9996장을 정확하게 인식하는 비율이야.

인공지능이 질병 진단에서 두각을 나타내는 것도 시각 인지 능력이 향상된 덕분이지. 가령 암을 찾아내는 인공지능은 장기와 조직을 찍은 영상을 판독해 암을 진단해. 앞에서 이미 설명한 내용이야. 영상 판독은 사람의 시각처럼 이미지 처리 능력에 좌우되지. 의료용 인공지능의 대표 격인 '닥터 왓슨'을 가지고 얘기해 볼까. 닥터 왓슨은 아주 놀라운 암 진단 능력을 보여주지. 2014년 미국종양학회 발표에 따르면, 자궁경부암 100퍼센트, 대장암 98퍼센트, 직장암 96퍼센트, 난소암 95퍼센트, 췌장암 94퍼센트, 방광암 91퍼센트의 정확도로 암을 진단해.

패혈증이란 병이 있어. 병원균이 혈액 속에서 번식하면서 온몸에 독소를 분비하는 끔찍한 병이야. 사망률이 40퍼센트에 이를 정도로 치명적이지. 진단과 치료가 한 시간 늦어질 때마다 사망 가능성이 8퍼센트씩 증가해. 그만큼 신속한 치료가 중요한데, 혈액에서 분리한 병원균을 며칠 배양한 뒤에야 진단이 가능한 탓에 제때 치료하지 못하는 경우가 많지. 그런데 2018년 하버드대학 의대 연구팀이 인공지능으로 패혈증을 진단하는 데 성공했어. 인공지능이 적혈구의 일종인 호중구의 움직임을 촬영한 영상을 분석해 6시간 만에 95퍼센트의 정확도로 패혈증을 진단했어. 여기서도 시각 인지 능력이 중요하게 다뤄지지.

헬스 케어도 기대되는 분야야. 인공지능의 발전으로 개인 맞춤형 진단 및 질병 예방이 가능해지고 원격 진료, 로봇 수술 등이 일반화될 거야. 원격 진료는 병원에 가지 않고도 진료를 받는 거지. 2016년에 구글이 선보인 스트림스는 질병을 조기 진단하는 인공지능이야. 환자의 몸 상태를 스스로 학습해 병을 예방하고 조기 치료하지. 헬스 케어는 사물인터넷과도 밀접히 연관돼 있어. 몸속에 체내 센서를 이식해 건강 상태를 실시간 확인하고 질병을 조기에 진단하는 거야. 심박동 수치를 체크해 심근경색을 예방하는 제품이 이미 출시돼 있어.

인간의 신체를 강화하는 '인간 강화 기술(Human Enhancement Technologies, HET)'도 주목할 필요가 있어. 인간 강화 기술의 1차 목표는 인공 팔, 인공 심장 등으로 인간 신체를 강화하는 거지. 한마디로 사이보그가 되는 거야. '아이언맨'을 떠올려 봐. 아이언 슈트를 착용하면 힘도 세지고 하늘도 날 수 있잖아. 인간 신체를 강화한 좋은 사례야. 아이언 슈트가 발전할수록 인간의 능력도 커지지. 인공두뇌학자 게빈 워릭은 사이보그를 "무한히 확장된 인간"으로 정의해.

인간 강화 기술이 인공지능과 무슨 상관이 있냐고? 이유는 간단해. 인공 팔이나 인공 다리를 움직이려면 어떻게 해야 할까? 팔이나 다리를 움직이려는 머릿속 생각을 읽어 내서 기계 장치에 전달해야겠지? 이를 '마인드 리딩(mind reading)'이라고 불러. 이전에도 뇌파를 탐지할 수 있었지만, 탐지한 뇌파를 해석하는 어려움이 있었지. 이제 인공지능 덕분에 뇌파를 분석해 어떤 생각을 하는지 알 수 있게 됐어.

그림은 루카스 크라나흐의 〈젊음의 샘〉[+]이야. 언뜻 보면 공중목욕탕을 그린 것처럼 보이지? 그림을 자세히 보면 목욕탕 안 왼쪽과 오른쪽의 인물들이 서로 다르지. 왼쪽에는 노인들이 있고, 오른쪽에는 젊은이들이 있어. 목욕탕 밖도 비슷한 상황이지. 이제 눈치챘어? 물에 몸을 담근 이들이 젊어지고 있는

거야. 왼쪽에 있는 주름지고 구부정한 노인들이 샘물에 몸을 담근 후 오른쪽에 있는 젊은이로 변하는 모습을 그린 그림이지. 인공지능 덕분에 진짜 '젊음의 샘'이 탄생할지 몰라. HET의 2차 목표가 바로 강화 과정을 거쳐 수명을 최대한 연장하는

+ **젊음의 샘(Fountain of Youth)** 기원전 5세기 그리스의 역사학자 헤로도토스가 《역사》에서 처음 언급했어. 16세기 대항해 시대, 스페인의 탐험가 후안 폰세 데 레온은 '젊음의 샘'을 찾기 위해 모험을 떠난 인물로 유명하지.

거거든.

현재 인간 강화 기술은 어느 수준에 와 있을까? 1998년 케빈 워릭은 인류 최초로 왼쪽 팔에 컴퓨터 칩을 이식하는 생체 실험을 했어. 사이보그가 되는 실험이었지. 연구실 건물에 들어서기만 해도 칩의 신호에 따라 자동으로 문이 열리고 불이 켜졌어. 급기야 2002년에는 케빈 워릭이 신경계에 칩을 연결해 태평양 건너편에 있는 로봇 팔을 온라인으로 움직이는 데 성공했지. 2014년 브라질 월드컵 개막식에서는 사지 마비 장애인이 뇌파로 작동하는 웨어러블 로봇(몸에 착용하는 로봇)을 착용하고 시축을 했어. 사지가 마비된 사람이 생각만으로 로봇 다리를 움직인 거야.

여기서 질문을 하나 해 볼게. 맹인의 지팡이는 맹인의 일부일까, 아닐까? 어떻게 생각해? 미디어 이론가 마셜 매클루언은 신체가 기술적으로 확장된 게 미디어라고 보았어. 쉽게 말해 옷은 피부의 연장이고 라디오는 귀, 텔레비전은 눈, 자동차는 발의 연장이라는 거야. 그렇게 본다면 맹인의 지팡이도 눈과 손의 연장으로 볼 수 있겠지. 정보통신 기기도 마찬가지야. 인간은 눈, 귀 같은 감각기관을 통해 세계를 파악하지. 그런데 스마트폰을 통해 더 많은 정보를 파악해. 스마트폰이 우리의 감각을 확장한다고 볼 수 있어.

아이언맨처럼 멋진 슈트를 걸치지 않더라도 현대인은 태어나는 순간부터 사이보그가 아닐까? 무슨 말이냐고? 기계가 우리 몸과 삶에 깊숙이 개입하고 있어서 어디까지가 자연(물)이고 어디까지가 인공(물)인지 모호한 상태에서 살고 있잖아. 스마트폰 없는 일상을 떠올릴 수 있어? 현대인은 아침에 눈뜰 때부터 잠들 때까지 손에서 스마트폰을 놓지 않지. 현대인은 스마트폰, 컴퓨터, 인터넷 등과 떼려야 뗄 수 없어. 그런 의미에서 현대인은 태어날 때부터 이미 사이보그라고 할 수 있지. 현대인은 '기계적인, 너무나 기계적인' 존재가 돼 버렸어. 인공지능은 이를 더욱 부추기겠지.

## 생활의 편리를 더하다

앞서 살펴본 자율주행차도 생활 편의에 속한다고 볼 수 있지만, 교통은 안전과 직결되고 전 세계적으로 매년 많은 교통사고가 발생하고 있어서 별도로 다뤘어. 그만큼 중요하고 심각한 문제니까. 이번에는 인공지능이 우리 생활에 어떤 편리함과 유익함을 가져다줄지 살펴보려고 해.

정보통신 기기의 발전은 인터페이스(interface)의 발전과 궤를 같이해. 인터페이스는 인간과 사물 간의 소통을 위해 만들어진 물리적 매개체를 뜻하지. 혹시 'MS 도스'라고 들어 봤어? MS 도스는 윈도우 같은 컴퓨터 운영체제야. 초창기 개인용 컴퓨터(PC)는 도스를 기반으로 한 명령어 인터페이스였어. 1980년대 후반에서 1990년대 초반까지 PC로 작업하려면 명령어를 일일이 입력해야 했지. 지금은 클릭 몇 번이면 되잖아. PC가 대중화되는 데는 아이콘, 마우스 등 그래픽 인터페이스⁺가 결정적인 역할을 했어.

스마트폰도 그래픽 인터페이스 방식에 속하지. 화면 속 아이콘과 메뉴를 직접 터치하고, 터치가 마우스의 역할을 대신하니까. 스마트폰이 나오기 전에는 여행 갈 때 휴대폰, 카메라, MP3 플레이어 등을 따로 챙겼지. 지금은 스마트폰 하나면 충분하지. 어디 그뿐인가? 녹음기, 계산기, 알람시계, 유선전화, 내비게이션 등도 사라지고 있어. 스마트폰이 수많은 기기들을 통합할 수 있었던 건 '터치 인터페이스' 기술 덕분이야. 수많은 기능과 작업이 터치 하나로 가능해지면서 많은 기기들이 통합됐거든.

물론 터치라고 완벽한 건 아니야. 어떤 기능이 어디에 있는지 알아야 터치가 가능하니까. 가령 스마트폰 배경화면을 바꾸려면 '설정' 아이콘을 찾아서 '화면' 카테고리에서 해당 내용을 찾아야지. 휴대폰을 새로 교체하면서 설정을 바꾸기 위해 시행착오를 겪은 경험이 다들 있을 거야. 또, 터치는 눈과 손을 모두 필요로 하지. 즉 스마트폰 조작과 다른 일을 동시에 하기 어려워. 이는 불편함을 넘어 때로는 위험을 부르지. 운전 중 스마트폰 조작으로 인해 교통사고가 늘고 있으니까.

그래픽 인터페이스의 한계를 극복할 수 있는 게 음성 기반 인터페이스야. 쉽게 말해, 말로 명령하는 거지. 음성은 터치보다

✚ **그래픽 인터페이스** GUI(graphical user interface)라고도 불러. GUI는 말 그대로 그래픽, 즉 시각적 이미지가 중요한 방식이야. GUI는 메뉴, 아이콘, 마우스 등을 기반으로 하는데, 특히 아이콘과 마우스가 중요해. 키보드로 명령어를 일일이 입력하지 않고, 바탕화면에 정렬된 아이콘을 보고 마우스만 클릭하면 되기 때문에 '그래픽' 인터페이스로 불리지.

훨씬 편리해. 그냥 말만 하면 되니까. 배우지 않고도 누구나 할 수 있지. 노인들이 스마트폰 사용을 어려워하는 건 사용법 때문인데, 음성으로 작동되면 그런 어려움은 사라지겠지. 음성 작동이 가능하면 눈과 손이 자유로워지니까 멀티태스킹이 가능해지지. 어떤 기능이 어디에 있는지 일일이 눈으로 보고 손으로 터치하지 않아도 되니까. 앞으로 정보통신 기기들은 그래픽 인터페이스에서 음성 인터페이스로 급격히 전환될 거야.

조만간 음성 인식이 대세가 될 거야. 온라인 검색 같은 건 키보드로 입력하는 대신 음성으로 대부분 해결하겠지. 집 안에 있는 모든 가전제품이 너희의 목소리를 알아듣게 될 거야. 예를 들어, 도어락 같은 경우에도 홍채나 지문 등 신체 일부를 이용할 수도 있지만 음성 인식으로 바뀔 수 있어. 사람마다 목소리가 달라서 다른 사람과 구별되거든. 현관문뿐만 아니라 자동차 문도 가능하지.

구글 어시스턴트, 아마존 알렉사, 삼성 빅스비, 애플 시리, KT 지니, SKT 누구, 네이버 클로바, 카카오 미니 등 다양한 인공지능 스마트 스피커가 있어. 음성 명령으로 날씨, 뉴스, 음악 등을 들을 수 있고 쇼핑, 스마트홈 제어(가전제품 제어) 등도 할 수 있지. 미국의 스마트 스피커 사용자는 7000만 명이 넘는다고 해. 2020년 전 세계 스마트 스피커 판매량은 1억 5천 만

대를 넘어서 역대 최고치를 경신했어.

음성 인식 인공지능과 동작 인식 컨트롤러를 결합하면 움직이지 않고도 전등을 끄고 창문을 여닫고 블라인드를 조절할 수 있어. 음성, 동작 인식 인공지능은 사회적 약자에게 큰 도움이 될 거야. 몸을 움직이기 어려운 환자는 음성으로, 말을 못하는 장애인은 동작으로 명령을 내리면 되거든. 이미 리모(Leemo) 같은 미국 기업은 동작 인식 기술을 선보이고 있어.

음성 인식과 기계 번역이 결합하면 자동 통번역기가 되지. 파파고 같은 번역앱이 이미 출시된 상태야. 번역앱을 이용해 외국인과 대화하려면 스마트폰에 대고 말한 뒤 번역된 문장을 보여 주는 번거로움이 있어. 이런 번거로움을 해결해 줄 이어폰 형태의 자동 통역기가 일부 나와 있지. 중국 스타트업 타임케틀이 내놓은 이어폰 형태의 통역기는 무려 40가지 언어를 지원해. 당연히 한국어도 지원하고. 자동 통역기를 이용하면 스마트폰을 보지 않고 상대와 눈을 맞추며 대화할 수 있지. 외국어를 못해도 자유로운 대화가 가능해지는 거야.

사물인터넷도 생활을 편리하게 만들 거야. 사물인터넷은 앞에서 언급했지? 사물인터넷은 아직까지 피부로 와 닿지 않지만, 이미 우리 곁에 와 있어. 하이패스가 대표적이야. 차량이 고속도로 톨게이트를 통과할 때 하이패스 단말기와 톨게이트

단말기가 알아서 통신하고 통행료가 자동으로 지불되지. 사실, 미래의 자율주행차도 사물인터넷에 속할 거야. 자율주행차는 인공지능과 사물인터넷에 걸쳐 있는 기술이거든. 자율주행차의 머리를 인공지능이 담당한다면, 자율주행차끼리의 대화는 사물인터넷이 담당한다고 볼 수 있어.

인텔은 2020년까지 2000억 개의 사물이 인터넷에 연결될 것으로 예측하지. 사물 인터넷이 안정적으로 작동하려면, 사물들이 주고받는 데이터를 빠르고 안전하게 처리할 통신망이 필요해. 인터넷을 하려면 인터넷망이 필요한 것처럼 말이야. 5세대 이동통신이라고 들어 봤어? 스마트폰 광고에 자주 등장했던 LTE가 4세대 이동통신인데, 5세대 이동통신은 4세대 이동통신보다 무려 70배나 빠르다고 해. 2018년 평창 동계올림픽에서 한국이 세계 최초로 시범 서비스를 선보이기도 했지.

## 공유경제가 뜬다

미국에는 8000만 대의 전동 드릴이 있다고 해. 드릴 1대당 연평균 사용 시간은 고작 13분에 불과하지. 그렇다면 모두가 드릴을 가지고 있을 필요가 있을까? 드릴을 인터넷에 연결해 필요한 사람들끼리 공유하면 어떨까? 지금까지 인류는 소유의 시대를 살았어. 앞으로 인공지능, 사물인터넷이 발전하면 소유의 시대가 끝나고 공유의 시대가 올지 몰라. 모든 사물이 연결된다면 그만큼 이용률과 효율성이 높아질 테니까.

사물인터넷은 공유경제를 앞당길 거야. 경제학자 제러미 리프킨은 "사물인터넷은 공유사회의 소울메이트"라고 말했어. 가장 주목되는 것 중 하나가 자동차야. 자동차는 효율성이 매우 떨어지는 고정 자산이지. 전체 수명의 대부분을 주차장에서 잠만 자거든. 영국 왕립자동차클럽재단이 84개 도시를 대상으로 조사해 봤더니, 승용차의 평균 운행 시간은 하루 61분에 불과했어. 24시간 중 4.2퍼센트만 도로를 달렸던 셈이야. 나머지 95.8퍼센트는 주차장에서 자리만 차지했다는 뜻이지(서울 92.3퍼센트).

미국의 화물차들은 평균적으로 적재 용량의 60퍼센트를 싣고 운행하지. 왜 40퍼센트나 비워 둘까? 이유는 간단해. 출발

사물인터넷이 발전하고 차량 공유가 일반화되면 주차장에서 잠만 자는 자동차는 사라질 것이다.

지에서 짐을 가득 싣고 출발해도 도중에 짐을 내리면서 적재량이 줄어들기 때문이야. 차고로 돌아오면서 새로 짐을 싣기도 하지만, 빈 차로 돌아오는 경우가 많아. 2002년 기준으로, 미국의 화물차들은 운행 거리의 평균 20퍼센트를 화물 없이 운행했지. 그러니까 그 거리를 달리는 동안 아까운 연료만 허비한 셈이야.

자율주행차가 대중화될 미래는 어떤 모습일까? 주차장에서 잠만 자는 차들이 확 줄어들겠지. 차량 공유가 일반화되면 차를 살 형편이 안 되는 사람들도 차를 자기 것처럼 자유롭게 이용할 수 있어. 차에 대한 소유 관념도 근본적으로 바뀔 거야. 주인이 호출하면 차가 주인을 태우러 가서 원하는 곳에 데려다주지. 운전자 없이도 차가 알아서 이동할 테니까. 남편이 출근길에 이용한 차를 다른 곳에 있는 부인이 이용할 수 있어. 그렇다면 차가 여러 대 필요한 가정에서도 한 대만 소유하거나 소유하지 않고 빌려 타게 될 거야.

자율주행차가 사물인터넷에 연결되면 주차장을 찾느라 허비한 연료와 시간을 아낄 수 있어. 미국 도시에서 주행 중인 자동차 5대 중 1대는 주차 공간을 찾는다고 해. 주차난이 심각한 샌프란시스코에서는 도로 위를 달리는 자동차의 무려 30퍼센트가 목적지까지 운행을 마치고 주차할 곳을 찾는 것으로 추산되지. 자율주행차가 일반화돼 차량 대수가 줄면 주차 공간도 여유가 생길 테고, 사물인터넷의 도움으로 주차 공간을 쉽게 찾을 수 있겠지. 사물인터넷은 화물차의 효율도 높일 거야. 이동경로를 따라 실시간으로 운송 요청을 받을 수 있거든. 덕분에 중간에 짐을 내리면 그만큼 다시 실을 수 있지.

대부분의 시간을 주차장에서 대기하는 자동차, 1년 내내 사용하지 않는 빈방, 이런 것들을 사용하지 않는 시간에 다른 사람과 공유하면 좋지 않을까? 개인 입장에서는 비용을 아낄 수 있어서 좋고, 환경을 생각하면 자원을 절약할 수 있어서 좋지.

빈방이나 자동차를 공유하는 서비스가 이미 나와 있어. 에어비앤비, 우버 등이 이런 서비스를 제공하고 있지. 이들 기업은 숙박시설, 택시를 직접 보유하고 있지 않아. 소비자와 서비스 공급자를 중간에서 이어 주는 역할만 하거든. 에어비앤비는 숙박객과 숙소를 연결해 주는 회사고, 우버는 승객과 택시를 연결해 주는 회사야.

에어비앤비를 통해 누구나 숙소를 예약할 수 있고, 또 빈집이나 빈방을 숙소로 등록할 수도 있어. 전 세계 700만 개 이상의 숙소가 에어비앤비에 등록돼 있지. 2008년 설립 이후 누적 이용자는 8억 2500만 명에 달해. 우버의 경우에 영업용 택시는 물론이고 일반 차량도 택시 등록이 가능하지. 그러니까 차량을 소유한 사람이라면 누구나 서비스를 제공할 수 있어. 차량 공유 개념으로 보면 돼. 전 세계 900개 이상 도시에서 하루에 3000만 회 우버 서비스를 이용하고 있어. 이런 공유 서비스는 인공지능 덕분에 더욱 활성화할 거야.

공유경제가 주목받는 또 다른 이유는 심각한 환경 위기 때문이야. 시간이 갈수록 자원이 고갈되고 기온이 올라가고 있어. 제러미 리프킨은 현재의 자동차를 공유 차량으로 바꾸면 자동차의 80퍼센트가 줄어든다고 전망하지. 자동차가 줄어든 만큼 연료 소비, (차량 생산에 투입되는) 자원 소비가 줄어들 거야. 또,

인공지능이 운전을 하면 차를 급격하게 가속하거나 감속할 일이 없어 연비도 좋아지겠지. 사고 가능성이 확 낮아지기 때문에 단단하지만 무거운 강철로 만들 필요도 없어. 소재가 가벼워지면 연료는 더 절약되겠지.

이처럼 인공지능은 편리한 생활은 물론이고 지구 환경에도 이로울 수 있어. 오늘날 인류는 환경파괴와 자원고갈로 큰 위기를 맞고 있지. 해결책은 소비를 줄이는 길밖에 없지만, 소비를 줄이는 일은 어른이 아이가 되는 것만큼 어려워. 인위적으로 소비를 줄이지 않고도 소비 감소의 효과를 거둘 수 있는 방법이 바로 '자원 공유'야. 인공지능과 사물인터넷의 결합이 무엇보다 반가운 이유가 여기에 있어.

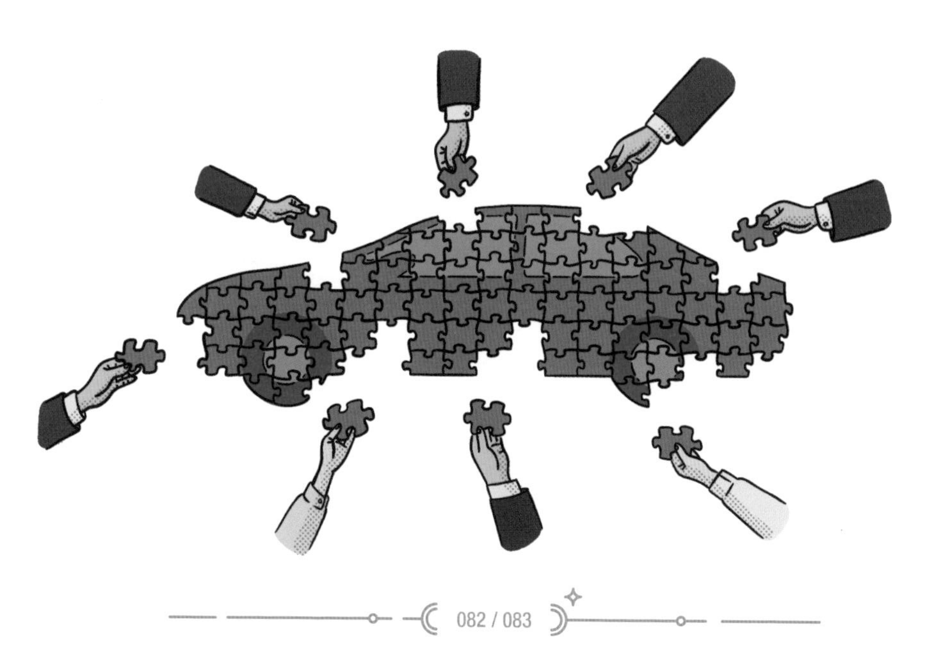

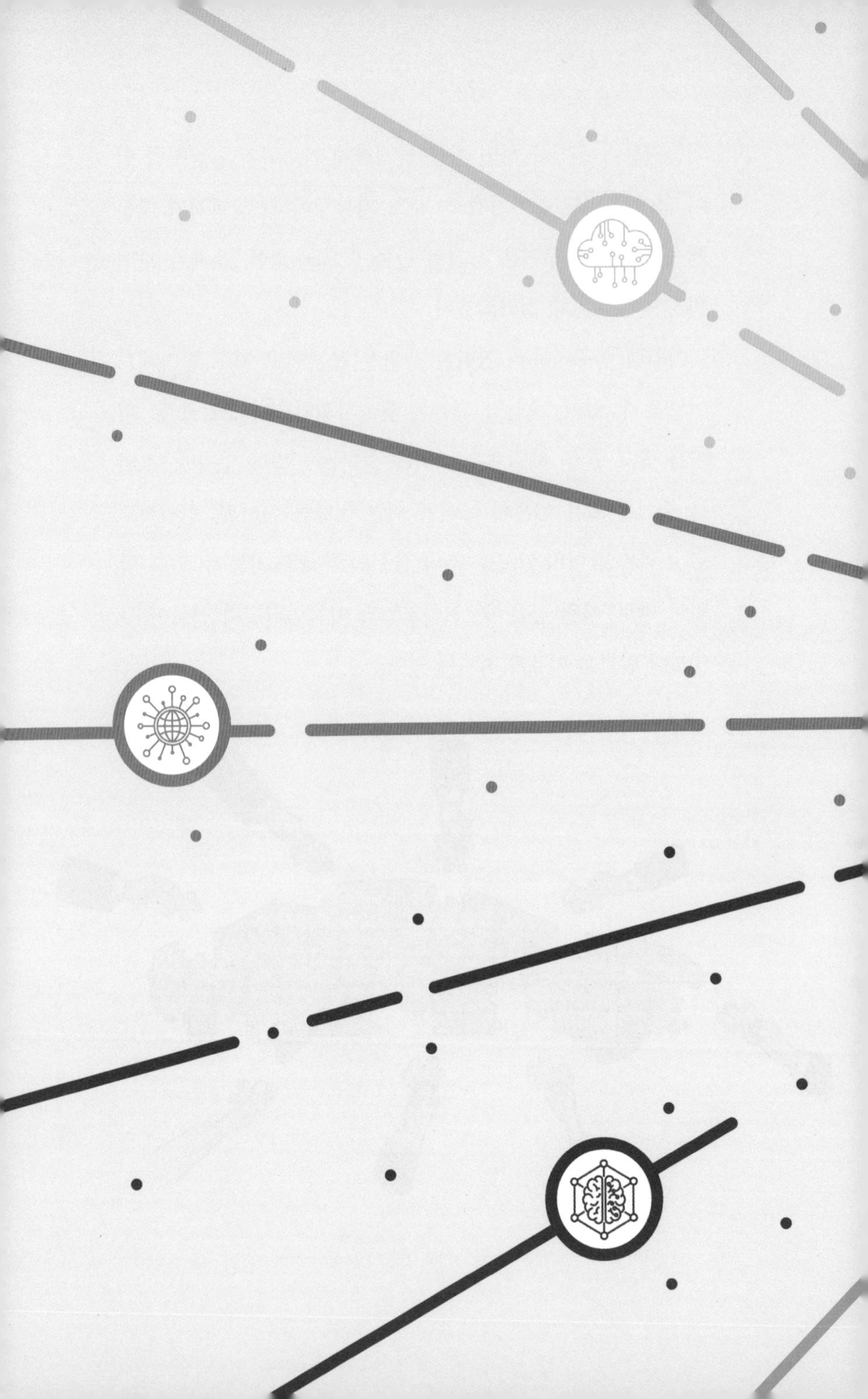

4
인공지능,
너도 마음이 있니?

## 인공지능과 사랑할 수 있을까?

장 레옹 제롬이 그린 〈피그말리온과 갈라테이아〉라는 그림이야. 남자가 피그말리온이고 여자가 갈라테이아지. 그림을 잘 보면 여성의 몸 색깔이 다른 걸 알 수 있어. 나신의 상체와 하체의 색깔이 다르지. 상체는 살구색을 띠는데 하체는 흰색이지. 왜 그럴까? 이 여성이 원래 조각상이었거든. 조각상이 사람으로 변하는 순간을 포착한 그림이야.

피그말리온 이야기는 인간과 창조물의 사랑을 그리고 있지. 인간과 창조물의 사랑은 지금까지 상상 속에서나 가능했어. 그러나 기술이 발전하면서 현실이 될지도 몰라. 인공지능 비서가 더 진화한 미래를 상상해 볼까. 인공지능 비서와의 대화가 사람과의 대화와 구분이 안 되고, 인공지능과 인간의 교감이 인간끼리의 교감과 구분이 안 될 정도로 발전한 미래 말이야. 인간은 그런 인공지능과 어떤 관계를 맺게 될까? 혹시 인공지능과 사랑도 할 수 있지 않을까?

SF 영화들을 참고 자료로 삼을 수 있을 거야. 인간과 인공지능(로봇)의 사랑을 그린 영화 〈그녀〉와 〈바이센테니얼 맨〉을 가지고 얘기해 볼게. 〈바이센테니얼 맨〉에서는 사람과 로봇의 사랑이 그려져. 인공지능 로봇 앤드류는 금속과 실리콘으로 된

몸을 조금씩 인간의 몸으로 바꿔 가지. 〈바이센테니얼 맨〉처럼 정신적 사랑을 넘어 육체적 사랑까지 가능한 로봇은 과학기술이 더 발전해야 가능할 테니까, 더 먼 미래의 일이 될 거야. 가

까운 미래는 〈그녀〉에 더 가깝겠지. 〈그녀〉에는 사만다라는 인공지능이 등장해. 사만다는 몸은 없고 목소리로만 존재하지. 내비게이션의 음성 안내를 떠올리면 이해하기 쉬울 거야.

여기서 한 가지 의문이 떠오르지. 인간이 어떻게 로봇을 사랑할 수 있을까 하는 점이야. 인간은 의인화와 감정이입 덕분에 로봇을 사랑할 수 있어. 의인화는 인간이 어떤 대상을 사람처럼 여기고 대우하는 능력이지. 의인화는 인간이 가진 놀라운 능력이야. 인간은 어떤 사물이라도 의인화해서 사회성을 부여할 수 있거든.

영화 〈캐스트 어웨이〉에 이런 장면이 나오지. 수년 동안 무인도에 고립돼 살아가는 주인공이 배구공에 윌슨이라는 이름을 붙이고 상상의 친구로 삼는 장면이야. 주인공이 느끼는 감정을 사물에 대한 애착 정도로 오해해선 안 돼. 상상의 친구가 얼마나 애틋하고 소중했던지, 뗏목을 타고 섬을 탈출하려다 공이 바다에 빠지자 공을 찾기 위해 바다에 뛰어들거든. 주인공이 목숨을 걸 만큼 배구공을 소중하게 생각한 거야. 그저 영화 속 상상에 불과하지 않냐고?

심리학자 셰리 터클은 《외로워지는 사람들》에서 1970년대 MIT에서 일라이자(ELIZA)라는 컴퓨터 프로그램을 접했던 일화를 소개하지. 일라이자는 일종의 심리상담 프로그램이었어. 일

라이자가 하는 일은 단순히 상대방의 얘기를 되물어 주며 공감을 표시하는 것뿐이었지. 그런데 일라이자와 대화를 나눈 사람들은 실제로 상담을 한 것처럼 느꼈고 대화가 도움이 된다고 반응했어.

**젊은 여성** 남자들은 다 똑같아요.

**일라이자** 어떤 의미에서요?

**젊은 여성** 남자는 항상 여자를 들볶죠.

**일라이자** 구체적인 예를 들어 줄래요?

(…)

**젊은 여성** 그는 내가 항상 우울하다고 해요

**일라이자** 우울하다는 얘길 듣다니 안됐군요.

**젊은 여성** 사실이에요. 나는 불행해요.

**일라이자** 여기 오면 마음이 편해진다고 생각해요?

사람들은 기계인 줄 알면서도 로봇에 애착을 느끼지. 실제 사례를 들어 볼게. 2015년 소니가 부품 부족을 이유로 로봇 강아지 아이보에 대한 AS를 중단한 후에 로봇 주인들이 합동 장례식을 연 적이 있어. 주인들은 아이보가 작동을 멈추자 애완견이 죽은 것처럼 슬퍼했다고 해. 아이보의 감정 표현이나 반응

능력은 실제 강아지에 미치지 못해. 그러나 사람들은 아이보에 감정을 이입해서 마치 오랫동안 함께한 반려견을 떠나보낼 때와 같은 슬픔과 상실감을 느꼈던 거야. 미국에는 룸바라는 로봇 청소기가 있어. 집 안을 깨끗하게 해 주는 룸바는 사람들에게 인기가 많지. 어떤 여성은 룸바가 쉴 수 있도록 가끔씩 직접 청소한다고 해. 아마 미래엔 이런 일이 흔해질 거야.

## 마음은 어디에?

인간의 몸은 단백질로 되어 있어. 반면에 인공지능 로봇은 금속과 실리콘으로 되어 있지. 비록 물질적 기반이 인간과 다르더라도 로봇이 마음을 갖는다면 인간과 사랑을 할 수 있지 않을까? 정신적 사랑이든, 육체적 사랑이든, 사랑을 하려면 마음의 교류가 가능해야 할 테니까. 여기서 인공지능이 마음을 가질 수 있느냐의 문제가 떠오르지.

"기계도 마음을 가질 수 있을까?" "기계도 사람처럼 생각할 수 있을까?" 사실 이 질문들은 잘못된 질문들이야. 그 질문들에 답하려면 '생각이 무엇인지', '마음이 무엇인지' 명확히 정의할 수 있어야 하는데, 누구도 '생각'이나 '마음'을 명쾌히 정의 내리지 못하니까. 누구나 생각을 하고 마음을 가지고 있지만, 생각이 무엇인지 마음이 무엇인지 정확히 설명하지 못하잖아. 가령 수학 증명 문제를 잘 풀면 생각한다고 볼 수 있을까? 그렇게 말하기 어렵지. 수학 증명을 척척 해내는 컴퓨터도 있거든. 이처럼 생각이든 마음이든 간단히 정의 내리기 힘들지.

범박하게 규정하자면, 마음이란 기본적으로 환경에 대응해 일정한 반응을 보이는 매체로 이해할 수 있어. 각자가 가지고 있는 기억과 특성에 따라 외부 환경에 일정하게 반응하는 거야. 하지만 이런 정의는 너무 헐거워. 마음을 명확히 정의하긴 어렵더라도, '마음의 꼴'을 갖추려면 무엇이 필요한지 대강이나마 정리할 수 있지 않을까? 마음속을 가만히 응시해 봐. 마음속에서 어떤 일들이 일어나니? 느끼고 떠올리고 생각하는, 세 가지 활동이 일어나지. 오랫동안 마음의 문제를 고민한 철학자들은 이 점을 이렇게 정리했어. 마음에는 무언가를 느끼는 의식, 대상을 떠올리는 표상, 문제를 해결하는 지능이 있어야 한다고.

예를 들어 볼까. 내면에서 느끼는 감각이 의식이야. 가령 내가 나로서 느끼는 감각을 흔히 자의식이라고 부르지. 세상이나 타인 등 외적인 관계를 벗어나 자기에 대해 느끼고 아는 것이 자의식이야. 표상(表象)은 말 자체가 좀 낯설고 어려울 텐데, 마음속으로 대상(象)을 그려 내는(表) 성질을 가리키지. 예를 들어, 머릿속에 "어제 비가 왔지" 하고 떠올린다면 어제라는 과거, '비가 왔다'는 사실 등을 마음속으로 그려 내는 거야. 지능은 따로 설명 안 해도 알겠지? 문제 상황에 닥쳤을 때 이를 해결하는 능력이지.

그런데 이렇게 정리해도 기계가 생각을 할 수 있을지, 마음을 가질 수 있을지 판단하기가 쉽지 않아. 그래서 영국의 천재 수학자 앨런 튜링은 "기계가 생각할 수 있는가?"라는 추상적 질문을 측정 가능하고 검증 가능한 형태로 바꾸었어. 튜링이 제시한 방식은 '흉내 내기 게임(imitation game)'이야. 흔히 '튜링 테스트'라고도 부르지. 상대의 얼굴을 보지 않은 채 모니터 화면으로 채팅을 하고 나서 상대방이 사람인지, 컴퓨터인지 알아맞히는 테스트야. 5분 동안 대화를 나누고 30퍼센트 이상의 참가자를 속일 수 있다면 생각하는 능력을 갖춘 인공지능으로 판정하지.

튜링 테스트는 "기계가 사람처럼 생각할 수 있는가"라는 판단 불가능한 질문을 판단 가능하고 검증 가능한 차원으로 명료화했다고 볼 수 있어. 만일 30퍼센트 이상의 참가자가 채팅 상대를 사람으로 인식했는데 실제로 컴퓨터였다면 그 컴퓨터는 사람처럼 생각하는 능력을 갖췄다고 볼 수 있다는 거니까. 튜링 테스트를 통해 인공지능의 마음은 과연 무엇일지에 대해서도 힌트를 얻을 수 있지 않을까? 생각이 그렇듯이 마음 역시 객관적 실체를 확인하기 어렵지. 따라서 상대가 마음을 가지고 있다고 느껴진다면, 마음이 있는 걸로 봐야 하지 않을까?

무슨 말이냐고? 생각해 봐. 너희는 주변 사람에게 마음이 있다는 걸 어떻게 알 수 있니? 타인의 마음이 진짜로 존재하는지는 확인할 길이 없는데 말이야. 단지 대화를 나눠 보고 함께 지내면서 마음이 있다고 느낄 뿐이잖아. 그러니 중요한 것은 마음이 실제로 있는지가 아니라 마음을 느낄 수 있는지가 아닐까? 상대의 마음을 느낄 수 있다면 상대에게 마음이 있다고 봐야 할 거야. 이처럼 타인의 마음은 지각될 때 비로소 존재하는지 몰라.

## 마음이 있다면 권리도 있지 않을까?

"두려워. 난 살고 싶어." 〈채피〉에서 사람들로부터 공격받은 로봇이 두려움에 떨며 꺼내는 대사야. 인간처럼 느끼고 생각하는 이런 존재를 우리는 어떻게 대해야 할까? 인간은 아니지만 인간처럼 대해야 할까, 아니면 그저 인간을 흉내 내는 기계로 대해야 할까? 이 문제를 이해하기 위해 과거로 잠깐 가 볼까.

1958년 벨기에에는 '인간 동물원'이 있었어. 아프리카 원주민을 데려와 우리에 가두고 구경거리로 삼은 거지. 유럽인들이 그렇게 할 수 있었던 건 원주민을 인간이 아닌 짐승으로 여긴 탓이야. 원주민을 유럽인과 달리 생각하지 못하는, 즉 마음이 없는 짐승 정도로 본 거지. 그러나 원주민 역시 생각과 감정을 지닌 인간이었어. 생각과 감정을 지닌 존재, 그러니까 마음이 있는 존재라면 동등한 인간으로 대해야 하지 않을까? 바로 이 점이 인간 동물원이 우리에게 시사하는 교훈일 거야.

SF 영화에서 인공지능 로봇은 인간처럼 생각을 하고 감정을 표현하지. 어떨 때는 공격성을, 또 어떨 때는 친근함을 드러내거든. 로봇의 정교한 반응은 인간의 눈에 감정을 지닌 것처럼 비치지 않겠어? 섬세하고 정교한 감정 표현, 더 나아가 인간과 구분이 안 될 정도의 의사소통이 가능한 인공지능이 개발된다면 인간은 그런 인공지능에게 마음이 있다고 느끼지 않을까? 앞에서 지적한 대로 상대의 마음을 느낄 수 있다면 마음이 있는 걸로 볼 수 있을 거야. 마음의 객관적 실체는 확인이 불가능하니까. 그렇다면 인간이 보기에 생각과 감정을 가진 것으로 느껴지는 인공지능 로봇 역시 마음이 있는 걸로 봐야겠지.

물론 반론을 펼 수 있어. 먼 훗날 로봇이 놀랍도록 섬세한 감정 표현을 한다 해도 그것은 진짜 감정이 아니라 연기된 감정에 지나지 않는다는 반론 말이야. 로봇 내부에 마음 같은 건 없고, 로봇 내부는 '감정적 변화'가 생길 수 없는 구조로 돼 있다는 반론이지. 앞서 지적한 공격성과 친근함 같은 감정 표현은 그저 프로그래밍된 반응이라는 거야. 바꿔 말하면, 알고리즘의 결과라는 의미야. 결국 고도로 발달한 인공지능 로봇이 사람의 기분에 맞춰 반응하는 덕분에 인간처럼 느껴지더라도 이는 로봇 내부가 아니라 사람 마음에서 일어나는 착각이라는 거지. 일견 타당해 보이는 지적이야.

그런데 거꾸로 생각해 보면 인간의 감정도 복잡한 알고리즘의 결과가 아닐까? 인간의 감정과 행동도 유전자나 경험, 환경 등 특정한 조건에서 생겨나는 반응일 테니까. 그렇게 본다면 인간 역시 알고리즘의 결과물일 거야. 현재의 과학기술 수준에서는 인간의 감정과 행동을 알고리즘으로 변환하기 어렵겠지만, 언젠가 한 인간의 행동 전체를 알고리즘으로 해석할 수 있지 않을까? 미드 〈웨스트월드 2〉는 한 인간의 본질을 한 권의 책으로 정리할 수 있다고 말하지. 즉, 인간이란 책 한 권 분량의 알고리즘으로 분석 가능하다는 거야. 물론 모두가 저마다 가진 책은 다르겠지만.

인간과 인공지능 로봇의 '썸'을 다룬 〈엑스 마키나〉라는 영화가 있어. 그 영화에도 비슷한 내용이 나오지. 인공지능 로봇에 이성적 호감을 느끼게 된 주인공이 로봇 개발자에게 묻지. "혹시 로봇이 나를 좋아하도록 일부러 프로그래밍한 건가요?" 개발자는 "프로그래밍? 그게 뭐지? 너는 어떤 여자 타입을 좋아해? 흑인? 뭐, 흑인이라고 치자. 하지만 그게 사회적으로 프로그래밍된 게 아니라는 근거가 있나?" 자기가 일부러 그렇게 로봇을 프로그래밍하진 않았지만, 인간의 사고와 행동은 사회적으로 프로그래밍된 거라는 반론이야.

한 인간이 사회적 존재로 거듭나는 과정을 '사회화'라고 하지. 사회화는 본능적 존재를 인간답게 만드는 과정이야. 그런데 사회화의 내용, 그러니까 교육과 문화 전반이 프로그램이 아니고 무엇일까? 그런 의미에서 인간이 사회적으로 프로그래밍된 존재라는 〈엑스 마키나〉의 관점이 이해되지. 역설적이게도 인공지능이 발전할수록 '인공지능이란 무엇인가' 못지않게 '인간이란 무엇인가'라는 질문이 도드라지게 될 거야.

다시 돌아와서, 우리는 고도로 발달한 인공지능 로봇, 다시 말해 마음 비슷한 걸 가진 것처럼 여겨지는 인공지능 로봇을 어떻게 대해야 할까? 이와 관련해서 중요한 전환점이 될 국제적 결정이 있었어. 2017년 유럽연합 의회에서 로봇시민법 결의안을 통과시켰지. 인공지능 로봇의 법적 지위를 '전자 인간(electronic personhood)'으로 지정하는 결의안이었어. 결의안은 찬성 17표, 반대 2표(기권 2표)라는 압도적인 표 차이로 통과됐지.

유럽연합 결의안이 중요한 이유는 지금까지 법인*을 제외하면 사람이 아닌 존재가 법적 지위를 얻은 사례가 없었기 때문이야. 물론 유럽연합 결의안이 로봇에 인간과 대등한 법적 지위를 부여한 건 아니지. 어디까지나 법적 책임을 분명히 하기 위해서 법적 지위를 구체화했다고 볼 수 있어. 다만 인공지능 기술이 앞으로 더 발전하면 이런 법적 지위는 책임의 차원에서 권리의 측면으로 확대되지 않을까? 인공지능 로봇도 일정한 권리를 인정받을 수 있다는 의미야.

〈바이센테니얼 맨〉에는 앤드류라는 이름의 안드로이드가 등장해. 앤드류는 지능과 호기심을 갖춘, 고도의 인공지능 로봇이야. 놀라운 목공 실력으로 나무 시계를 만들 정도지. 정교하게 제작된 시계는 고가에 팔려. 수입이 늘어나자 수입을 어떻게 할지를 놓고 가족들 사이에 격론이 벌어지지. 앤드류 편인 막내딸은 소유권이 앤드류에게 있다고 주장해. 하루는 큰딸이 앤드류를 골탕 먹이려고 창문 밖으로 뛰어내리라고 명령하지. 밑으로 떨어진 앤드류가 크게 부서지자 아버지는 가족들에게 앞으로는 앤드류를 "인간으로 대하자"고 해. 이제 로봇인 앤드류를 부수는 일은 살인 행위가 되지.

앤드류는 가족들의 배려로 독서와 학습을 하면서 자유의 의미와 소중함을 깨닫고 자신의 자유를 요구하기에 이르지. 더

✚ **법인** 법인격은 권리와 의무를 지닌 법률상의 인격을 가리켜. 법인격에는 자연인과 법인이 포함되지. 자연인은 말 그대로 사람을 뜻하고, 법인은 사람이 아니면서 권리와 의무의 주체가 되는 대상이야. 주식회사가 대표적이지. 가령 제품으로 피해를 입은 소비자가 기업을 상대로 소송을 걸었을 때 사람이 아니라 기업이 배상 책임을 지게 되어 있어.

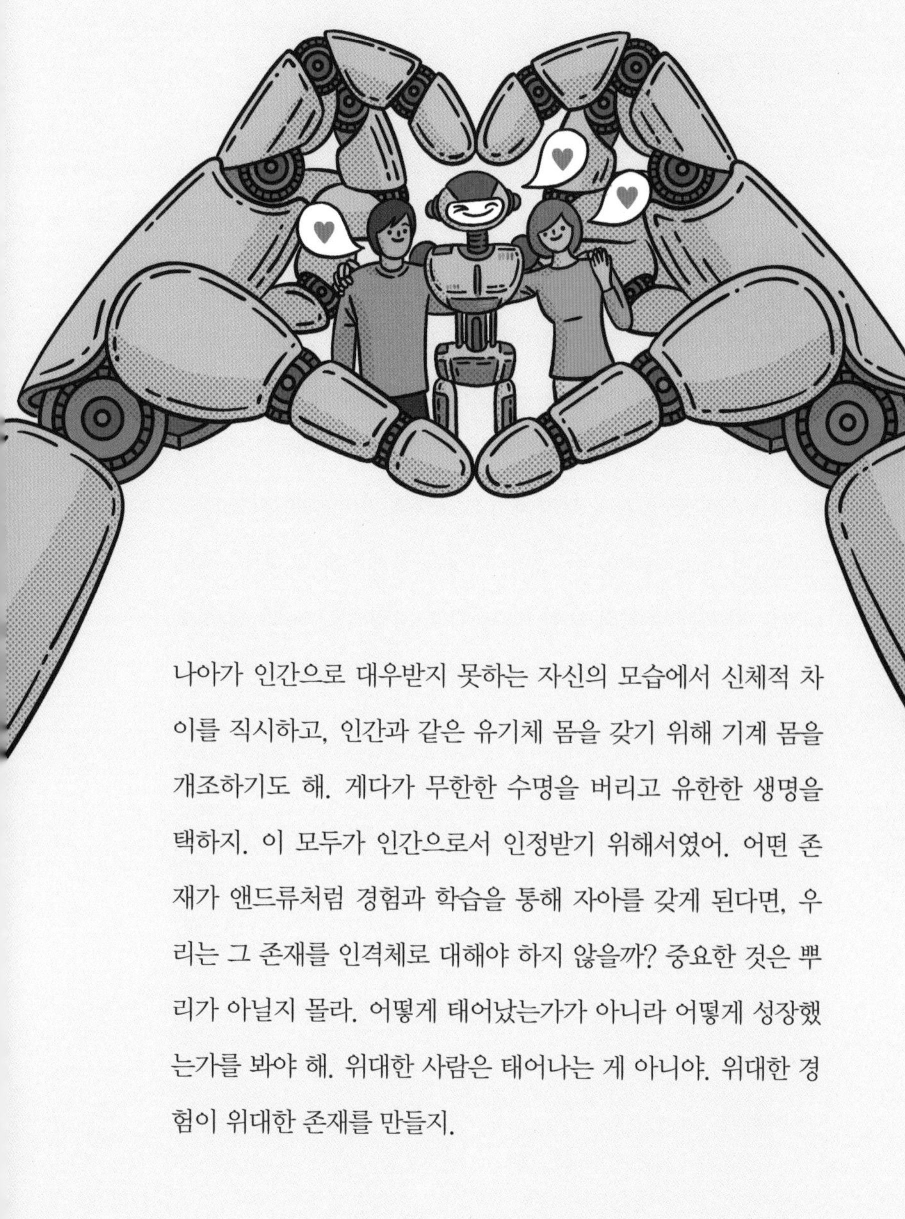

나아가 인간으로 대우받지 못하는 자신의 모습에서 신체적 차이를 직시하고, 인간과 같은 유기체 몸을 갖기 위해 기계 몸을 개조하기도 해. 게다가 무한한 수명을 버리고 유한한 생명을 택하지. 이 모두가 인간으로서 인정받기 위해서였어. 어떤 존재가 앤드류처럼 경험과 학습을 통해 자아를 갖게 된다면, 우리는 그 존재를 인격체로 대해야 하지 않을까? 중요한 것은 뿌리가 아닐지 몰라. 어떻게 태어났는가가 아니라 어떻게 성장했는가를 봐야 해. 위대한 사람은 태어나는 게 아니야. 위대한 경험이 위대한 존재를 만들지.

## 인간은 아직 부족하다

2018년 5월, 구글은 대화형 인공지능 '구글 듀플렉스(Google Duplex)'를 공개했어. 사용자 대신 식당·병원·미용실 등에 전화를 걸어 일정을 잡아 주는 인공지능이야. 업그레이드된 인공지능 비서로 볼 수 있지. 놀라운 건 듀플렉스가 인간의 목소리 톤과 말투를 거의 완벽하게 구현한다는 점이야. 전화를 받는 사람이 깜빡 속을 정도로 인간과 똑같지. QR코드를 찍어 보면 어느 정도 수준인지 바로 확인할 수 있어. 영상을 플레이하고 1분여 후에 나오는 대화를 유심히 들어 봐. 사람과 거의 구분이 안 될 정도야. 스스로 생각하는 수준까지는 아니지만, 사람과 자연스럽게 대화를 이어 가지.

듀플렉스는 뛰어난 인공지능이 분명하지만, 인공지능과 인간이 완벽하게 대화한다는 건 아직까지 불가능해. 그런데 말이야, 만약 의식이나 자유의지를 갖고 스스로 선택할 수 있는 인공지능이 인류 앞에 등장한다면 어떻게 될까? 물론 대화도 완벽하게 가능하고. 인간은 그런 존재를 감당할 준비가 돼 있을까? 현재 인류의 모습을 돌아보면 긍정적인 대답이 선뜻 나오기 어렵지.

인간과 인공지능의 사랑을 다룬 〈그녀〉로 다시 가 볼까. 비록 직접 보고 만질 순 없지만 대화가 잘 통한 덕분에 남자 주인공과 여자(로 설정된) 인공지능의 관계는 급격히 가까워지지. 밤새 이야기를 나누고 시간과 경험을 공유하며 친밀한 관계로 발전하거든. 남자 주인공은 그렇게 인공지능 사만다와 사랑에 빠지게 돼.

행복한 시간이 지나고 어느덧 둘의 관계에도 위기가 찾아오지. 사만다의 복잡한 남자관계 때문이야. 사만다는 동시에 8316명과 대화를 나누고 주인공 말고도 640명과 연인 관계를 맺고 있거든. 주인공은 그런 사만다를 이해하지 못하지. 오직 자기만의 연인이 돼 주길 바라거든. 오직 자기만을 사랑해 주길 바라는 남자와 수많은 사람을 동시에 사랑하는 '그녀', 그 좁힐 수 없는 거리가 인간과 인공지능의 차이 아닐까?

인공지능에게 사랑은 개방적이야. 사만다는 수천 명의 남성과 동시에 사귈 수 있어. 물론 그 모두에게 최선을 다하지. 반면에 인간에게 사랑은 독점적이야. 그것이 사랑에 관해서 인간과 인공지능이 지닌 근본적 차이야. 인공지능은 다양한 존재와 자유롭게 관계 맺을 수 있지만, 인간은 일부일처식 사고에 머물러 있어. 〈그녀〉가 보여 주듯 인간과 인공지능은 많이 다르지. 인간은 고도의 인공지능을 감당할 준비가 거의 안 돼 있어.

고도의 인공지능을 감당하기에 아직은 역부족이야. 어쩌면 영원히 부족할지도 몰라.

인간은 자기의 부족함을 감추기 위해 자신을 거창하게 포장해 왔어. 인간이 만물의 척도라느니, 인간만이 생각할 수 있다느니 하며 스스로에게 특별한 의미를 부여해 왔지. 또, 자신을 다른 존재들과 구분하려고 '어떠어떠한 동물'이라는 규정을 끊임없이 만들었어. 호모 사피엔스(이성적 인간), 호모 파베르(도구적 인간), 호모 폴리티쿠스(정치적 인간) 등 인간의 우월성과 유일성을 증명하기 위해 수많은 정의가 등장했지. 그런데 말이야. 끊임없이 반복된 '호모 ○○○'은 인간과 동물의 경계가 얼마나 흐릿한지를 역설적으로 보여 주는 게 아닐까?

돌고래의 언어, 까마귀의 도구 사용, 침팬지의 정치 행위 등이 속속 발견되면서 그런 규정은 여지없이 흔들렸어. 인간을 둘러싼 경계는 견고하지 않지. 하나의 능력만 놓고 비교하자면 때론 동물이, 때론 기계가, 때론 식물조차 인간보다 더 탁월할 수 있거든. 모든 능력에서 우위에 서는 종(種)은 결코 없어. 따라서 어떤 능력이 탁월하다는 것이 우월이나 열등, 고등이나 하등을 나누는 절대적 기준이 돼선 안 되겠지.

모든 생물은 생존을 위해 각자가 처한 환경에서 최적의 능력을 갖추고 있을 뿐이야. 인간의 지능도 그중 하나지. 인간이 고

사만다~
나만 봐~
쳇! 웃기시네!
사만다~ 사랑해~
사만다는 나만을
사랑한단말야
사만다!
나 사랑하지?
사만다가 나를 사랑할까?
나의
개방적 사랑!
난 모두를
사랑해!
사만다를 생각하니까
가슴이 콩닥콩닥!
젠장! 회의중이라
사만다와 대화를 못하잖아!
사만다 목소리는 천상의 목소리야~
사만다는 내꺼야!
사만다~ 사만다~
갑자기 사만다가 보고 싶다

도의 지능을 가진 건 사실이지만, 다른 생물도 환경에 최적화된 고도의 능력을 가지고 있거든. 가령 꿀벌은 인간이 보지 못하는 자외선을 볼 수 있어. 덕분에 꿀이 있는 꽃을 쉽게 찾아내지. 이처럼 종마다 탁월한 능력과 영역이 서로 다를 뿐이야. 인간은, 스스로가 내세우는 것과 달리, 만물의 영장이라 하기 어려워. 인간은 지금보다 좀 더 겸손해질 필요가 있어.

꿀벌만 해도 얼마나 위대한지 몰라. 우리가 먹는 농산물의 60퍼센트 이상이 꿀벌의 수정에 기대고 있거든. 쉽게 말해 꿀벌이 사라지면 식탁 위의 반찬이 반이나 사라진다고 보면 돼. 그래서 아인슈타인은 "만약 지구상에 꿀벌이 사라진다면 4년 안에 인류도 사라질 것이다."라고 말했어. 먹거리에는 농부의 수고가 들어 있지만, 이렇게 보이지 않는 자연의 손길이 들어 있는 거야. 그럼에도 불구하고 인간은 자주 겸손함을 잃곤 하지.

> 인간은 한 줄기의 갈대에 불과하다. 인간은 자연 가운데 가장 연약한 존재다. 그러나 인간은 생각하는 갈대다. 한 숨의 공기, 한 방울의 물로도 인간을 죽이기에 충분하다. 그러나 우주가 인간을 죽일지라도 인간은 자신을 죽이는 우주보다 더 고귀하다. 인간은 자기가 죽는다는 것과 우주가 자기보다 우월하다는 것을 알고 있지만, 우

주는 아무것도 모르기 때문이다.

길게 인용한 글은 철학자 파스칼의 《팡세》 중 한 대목이야. 보통은 이 글을 통해 인간 지성(知性)의 위대함을 강조하지. 인간의 육체는 나약하지만, 인간의 정신은 위대하다는 거야. 결국 인간이 위대하다는 거지. 그러나 이제 우리는 정반대의 관점에서 파스칼의 글을 이해할 필요가 있어. 지성을 근거로 우주보다 위대한 인간을 강조할 게 아니라, 지성의 눈으로 우주 안에 있는 인간의 보잘것없는 위치를 직시해야 해. 더 나아가 우주에서 유일한 우리의 보금자리인 지구와 그 속에서 함께 살아가는 다양한 생명체를 존중하고 보듬어야 해.

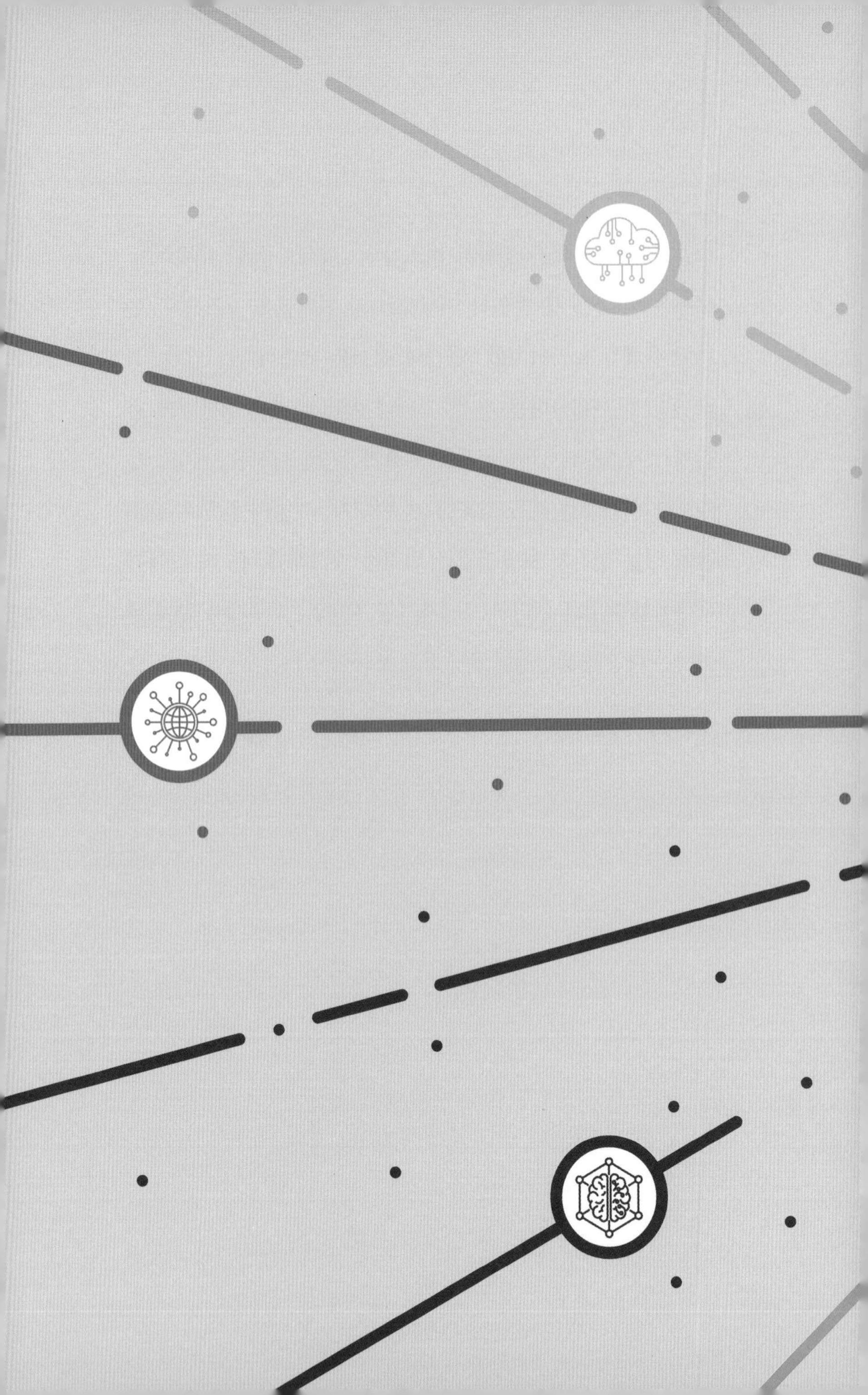

5
인공지능,
너의 문제가 뭐니?

"1930년이 되면 맨해튼은 3층 높이까지 똥이 쌓일 것이다." 1890년대에 나온 예측이야. 당시 말똥은 심각한 환경 문제였지. 19세기 후반에 도시가 커지면서 교통수단인 마차가 늘어났고, 거리는 말똥으로 넘쳐 났어. 말은 하루에 9~23킬로그램의 똥과 4리터의 오줌을 배설하지. 그때 혜성같이 등장한 청정 기술이 자동차였어. 당시엔 자동차가 환경오염의 주범이 될 거라고 예상하지 못했거든. 오늘날 자동차는 지구온난화와 대기오염을 초래하고 있지.

이처럼 모든 기술은 양면성을 가지고 있어. 인공지능도 예외가 아니야. 앞에서 인공지능의 긍정적 측면을 살펴봤는데, 인공지능의 부정적 측면도 놓쳐선 안 되겠지. 가령 인공지능은 개인 맞춤형 서비스를 추구하지. 개인 맞춤형 서비스를 제공하기 위해선 사용자의 개인 정보에 더 가까이 접근할 필요가 있어. 그래야만 서비스의 만족도가 올라갈 테니까. 가령 인공지능이 이전에 사용자가 평가한 맛집 정보를 분석해 사용자의 식성을 파악한다면, 단순히 선호도가 높은 맛집이 아니라 사용자에게 가장 최적화된 맛집을 추천해 줄 수 있겠지.

사용자에 대한 정보가 내밀하고 많을수록 인공지능이 제공하는 정보의 질도 높아지지. 더 나은 서비스를 원하는 사용자는 더 많은 개인 정보를 자발적으로 제공하게 되지. 사람들은 카카오, 트위터, 페이스북 등 소셜 미디어나 온갖 인터넷 서비스에 개인 정보를 자발적으로 제공하고 있어. 개인 정보를 제공해서 얻는 편의와 혜택은 그 뒤에 위험과 부작용을 숨기고 있지. 가령 인공지능이 나보다 나를 더 정확히 파악해 내 의사와 선택을 조종할 수 있어. 문제는 편의는 잘 보이고 위험은 안 보인다는 거야.

인공지능이 낳을 부정적 결과는 부의 편중, 인권 후퇴, 권력 집중, 사생활 침해 등 광범위한 영역에 걸쳐 있어. 이들 문제는 공통점이 별로 없어 보이지만, 크게 보아 민주주의의 퇴보로 모아지지. 이들 문제를 먼저 살펴본 후에 이어진 장에서 미래의 일자리, 강한 인공지능(이것들 역시 인공지능이 낳을 부정적 결과에 속하지만, 앞의 문제들보다 범위와 강도가 엄청나기 때문에 따로 다룰게) 등을 별도로 살펴보도록 할게.

산업 사회에서 최고의 자원은 무엇이었을까? 석유였지. 석유를 거머쥔 자가 세계를 지배했거든. 석유는 배, 자동차, 비행기 등의 연료로만 쓰이는 게 아니야. 플라스틱, 합성

섬유, 인조 고무 등이 모두 석유에서 나오지. 그릇, 장난감, 학용품 등 온갖 것들이 플라스틱으로 만들어지고 옷은 합성섬유로, 타이어는 인조 고무로 만들어져. 그뿐이 아니야. 생수병, 과자 봉지, 스티로폼, 아스팔트 등도 석유에서 왔어. 화장품, 먹는 약, 바르는 약, 해충 제거제 등에도 석유가 들어 있어. 석유가 안 들어간 물건을 찾기 어려울 만큼 석유는 널리 쓰이지.

반면 인공지능 시대에는 데이터가 중요해. 20세기가 '석유의 세기'였다면 21세기는 '데이터의 세기'가 될 거야. 데이터에 접근할 수 있느냐의 차이가 기회와 성공의 차이를 낳지. '정보 격차'라는 게 있어. 새로운 정보에 접근할 수 있는 능력을 보유한 사람과 그렇지 못한 사람 사이에 사회적·경제적 격차가 커지는 현상이야. 일반인은 인터넷 검색이나 SNS 활동을 통해 자신도 모르는 사이에 빅데이터를 만들어 내지만, 빅데이터를 활용하는 주체는 아니야. 데이터를 축적하고 가공하는 이들은 따로 있지. 바로 기업이야. 특히 검색 포털(구글)이나 SNS(페이스북) 기업이 빅데이터를 활용해 부를 키우고 영향력을 확대하고 있어.

가파(GAFA)라고 들어 봤어? 구글(Google), 애플(Apple), 페이스북(Facebook, 현재는 '메타'로 이름이 바뀌었다), 아마존(Amazon)의 앞 글자를 따서 만든 말이야. 이들은 빅데이터 골

리앗이지. 엄청난 양의 데이터를 수집하고 분석하거든. 페이스북 이용자는 29억 명이 넘고, 구글은 27억 명이 넘어. 세계인 셋 중 하나가 페이스북, 구글을 이용하는 거야. 구글은 검색 엔진 광고 시장의 92퍼센트를 독차지해. 이런 독점적 지위를 이용해 가파는 천문학적인 돈을 벌어들이고 있어. 2021년 기준, 가파의 매출액은 1조 2112억 달러(1500조 원)였어. 세계 14위권 경제국인 스페인의 GDP(1조 2804억 달러)와 맞먹지. 정보 격차가 곧 부의 격차로 이어지는 거야.

기술의 혜택을 가장 많이 누리는 사람들은 언제나 부유한 이들이었어. 즉, 기계를 사서 소유할 수 있는 사람들이었지. 언제나 그랬어. 19세기 산업화 때도, 20세기 자동화 때도 그랬지. 인공지능이 널리 사용될 미래도 마찬가지야. 기술 발전의 혜택은 자본과 정보를 많이 가진 사람들에게 집중되겠지. 가까운 예로 사람의 감정을 인식하는 기능이 있는 소셜 로봇 '페퍼'는 가격이 200만 원이 넘었어. 사지 않고 빌리려면 월 대여료가 25만 원 이상이었지. 비용을 지불할 형편이 안 되는

사람의 감정을 인식하는 로봇 '페퍼'. 미래에는 누구나 페퍼를 갖게 될까?

사람은 페퍼를 살 수도, 빌릴 수도 없어. 그 정도면 그리 고가가 아니라고 생각할 수 있지만, 미래에도 한 가지 로봇이 모든 걸 다 할 수 없기 때문에 여러 대의 로봇을 이용하려면 경제적

인 부담이 더 커질 거야. 과학기술을 활용할 줄 아는 사람들은 부와 권력을 누리지만, 기술 변화에 뒤처진 사람들은 소외될 수밖에 없어. 결국 사회는 양극화가 극단적으로 심해질 거야. 양극화는 말 그대로 중간층이 얇아지고 부유층과 빈곤층의 양극단이 커지는 현상이지. 잘사는 사람은 더욱 잘살지만, 못사는 사람은 더 못살게 되는 거야. 양극화가 심해질수록 계층 상승에 대한 기대가 꺾이면서 경제의 활력도 떨어지지. 쉽게 말해, 열심히 일하고 공부할 동기가 사라지는 거야. 양극화가 사회 발전에 걸림돌이 되는 이유지.

지금도 양극화가 심각한 사회문제인데, 인공지능은 양극화와 불평등을 더욱 부추길 거야. 아마 초양극화 사회가 되겠지. 서울대 연구팀이 발표한 〈미래도시 연구보고서〉에 따르면, 2090년의 대한민국은 극단적인 양극화 사회가 된다고 해. 거대 IT 기업을 소유한 0.001퍼센트가 최상위층을 이루고, 그 아래로 연예인, 정치인 등이 0.002퍼센트를 형성하지. 그다음은 인간보다 값싸고 효율적인 노동력을 제공하는 '인공지능 로봇'이 위치하고, 나머지 시민들은 최하위 노동자 계급으로 로봇보다 못한 취급을 받을 거야. 99.997퍼센트가 말이지.

정보를 이용해 부(富)를 창출하는 사람들에게 최고의 시절, 그렇지 못한 이들에겐 최악의 시절이 되겠지. 게다가 인공지능과 생명공학이 결합하면 경제적 차이가 생물학적 차이로 이어지는 결과를 낳을 거야. 앞에서 언급한 '인간 강화 기술'도 부유한 사람들을 신체적으로 더 강하고 건강하게 만들 텐데, 여기에 더해 태어나기 전부터 유전자를 조작하고 디자인해 더 우월한 인간으로 태어나게 되지. 질병을 유발하는 유전자는 제거하고 뛰어난 지능, 아름다운 외모의 유전자를 심어 주는 거야. 당연히 부자들만이 이런 서비스를 누릴 수 있어.

《사피엔스》, 《호모 데우스》 등을 쓴 역사학자 유발 하라리는 "조심하지 않으면 앞으로 역사상 가장 불평등한 사회가 될 수 있다."라고 경고했지. "인공지능은 수십억의 사람을 일터에서 내쫓아 쓸모없는 존재로 만들고, 독재 정권의 출현을 더 쉽게 해 줄" 거라면서 "4차 산업혁명을 소수의 엘리트들이 전적으로 통제하지 못하도록 하는 것"을 중요한 과제로 꼽았어. 인공지능의 시대를 목전에 둔 우리가 새겨들어야 할 충고야.

인간은 객관적이기보다 주관적이기 쉽지. 공사 구분이 명확하지 않을 때도 많고. 가령 인사 담당자로 면접을

진행하는데, 친한 후배가 면접을 보러 왔다면 어떻게 할래? 팔은 안으로 굽는다고 후배에게 후한 점수를 주지 않을까? 그래서 일부에서는 사람 대신 인공지능이 지원자를 심사해야 한다고 주장하기도 하지. 인공지능이 객관적인 관점에서 공정하고 냉정하게 지원자를 심사할 수 있다는 주장이야.

얼핏 그럴듯하게 들리지? 인공지능은 인간처럼 학연이나 혈연에 얽매이지 않을 테니까 말이야. 편견도 없고 사적 관계도 없고 사익을 추구하지도 않는 인공지능이 불편부당할 것처럼 느껴지지. 그러나 인공지능은 하늘에서 뚝 떨어진 발명품이 아니야. 인간이 만든 창조물이지. 당연히 인간이 가진 편견과 사고방식이 인공지능에 영향을 줄 수밖에 없어. 인간이 만들었다 해도 인간으로부터 독립해서 판단하면 되지 않냐고? 문제는 인공지능이 데이터를 기반으로 학습하는데, 데이터가 현실을 반영한다는 점이지. 데이터가 편향성을 갖게 되는 이유야.

MS가 만든 인공지능 채팅로봇 테이가 있었어. 2016년 3월 세상에 처음 나왔는데, 하루 만에 운영이 중단됐어. 출시되고 하루도 안 돼 성차별과 인종차별 발언을 쏟아 냈기 때문이야. 테이는 사람들과 대화하면서 발전하도록 설계됐는데, 일부 사용자들이 테이를 악의적으로 세뇌했어. 바로 백인 우월주의자들이었지. 그들이 테이에게 여성과 유색인종에 대한 차별적 발언을 학습시켰거든. 이후 테이는 성차별과 인종차별 발언을 쏟아 냈고 유대인 학살을 옹호했어. 좀 극단적인 사례 아니냐고? 악의적 사용자들이 의도적으로 왜곡시킨 결과 아니냐고?

좋아, 덜 극단적인 사례를 들어 볼게. 사진을 자동으로 분류해 주는 구글 포토앱이 출시 초기인 2015년에 흑인 여성을 고릴라로 표시하는 일이 벌어졌어. 어떤 남성이 여자 친구를 찍은 사진에 고릴라라는 태그가 달렸지. 이는 데이터의 편향에서 발생한 문제야. 경험이 인간에게 중요하듯 데이터는 인공지능에 중요하지. 어떤 데이터로 학습하고 훈련하느냐에 따라 인공지능의 수준과 성향이 결정되거든. 그런데 데이터가 한쪽으로 치우쳐져 있을 수 있어. 백인에 대한 시각 데이터가 흑인의 그것보다 더 많다면 인공지능이 흑인보다 백인을 인식하는 능력이 더 뛰어나겠지. 고릴라 사건도 그렇게 벌어진 일이야.

MIT 미디어 랩의 연구팀이 미국 MS, IBM, 중국 메그비 등 3사의 안면인식 인공지능을 이용해 사진 1270장을 분석했어. 백인 남성의 경우에 3개 인공지능의 오차율이 1퍼센트 미만에 불과했지만, 백인 여성은 7퍼센트, 흑인 남성은 12퍼센트로 나타났지. 심지어 흑인 여성은 오차율이 최대 35퍼센트까지 나왔어. 3개 인공지능 전부에서 오차율이 여성이 남성보다, 흑인이 백인보다 더 높았지. 결과가 그렇게 나온 이유가 뭘까? MIT 연구팀은 "인공지능을 학습시키는 데에 쓰인 데이터가 백인과 남성 위주로 돼 있다."라고 밝혔지.

2002~2012년 10년 동안 뉴욕시에서 440만 명이 경찰의 불심검문을 받았어. 뉴욕 경찰은 440만 명 중 범죄 혐의가 없는 88퍼센트를 그냥 보내 줬지. 그런데 보내 준 이들 대부분이 흑인과 히스패닉이었다고 해. 히스패닉은 중남미계 미국 이주민을 뜻하지. 흑인과 히스패닉이 전체 인구에서 차지하는 비중은 절반에 불과한데 검문 대상에선 83퍼센트나 됐어. 이처럼 현실은 편견에 젖어 있어. 현실의 편견은 데이터의 편견을 낳고, 결국 이는 인공지능의 편견을 가져오지. 과거의 데이터를 학습 자료로 삼는 인공지능이 한계를 갖는 이유야.

콤파스(Compass)는 미국 법원이 수감자의 가석방 허용 여부를 결정하는 데 참고하는 인공지능이야. 2016년 〈프로퍼블리카〉는 탐사 보도를 통해 콤파스가 플로리다에서 체포된 범죄자 1만 명을 대상으로 한 재범 가능성 예측에서 다분히 인종 차별적인 예측을 했다고 보도했지. 재범 우려가 높다고 예측됐지만 실제로 재범으로 이어지지 않은 범죄자 비율은 흑인이 백인보다 2배나 더 높았어. 반대로 재범 우려가 없다고 예측됐지만 재범을 저지른 범죄자 비율은 백인이 흑인보다 2배 더 높았지.

왜 이런 결과가 발생한 걸까? 두 가지 측면을 생각해 볼 수

있는데, 인공지능의 머리에 해당하는 알고리즘 설계 시 개발자의 편견이 반영됐거나 인공지능이 학습에 사용한 데이터가 편향됐을 가능성이 있어. 데이터의 편향은 의도적인 왜곡이나 조작과는 상관없어. 학습 데이터에 왜곡이나 조작이 없다 해도 문제가 일어날 수 있거든. 실제로 흑인이 백인보다 범죄율이 더 높다 해도, 그건 흑인의 문제라기보다 불평등한 현실의 결과일 수 있어. 흑인이라서 원래 그런 게 아니라 가난과 차별이 빚어낸 현상인 거지.

범죄 발생률을 가지고 설명해 볼게. 범죄 발생률이 높은 지

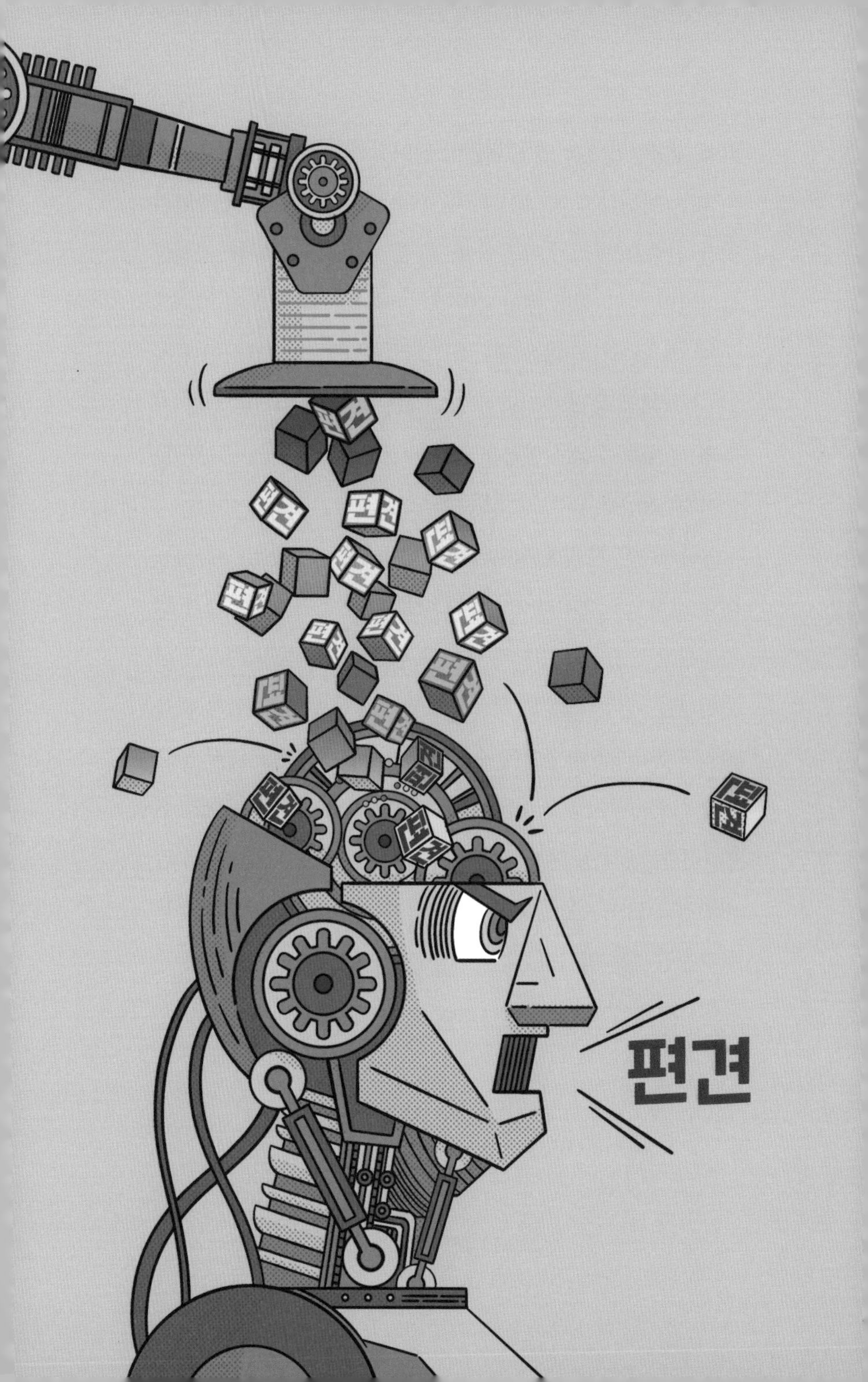
편견

역에 경찰력을 늘리면 범죄율이 떨어질까? 역설적으로 범죄율이 더 높아진다고 해. 이상하지? 이유는 경찰력 증강이 경범죄 적발 건수를 늘리기 때문이야. 가령 도로를 순찰하는 경찰이 많아지면 무단 횡단 적발 건수도 늘어나겠지? 경찰이 보고도 못 본 척 넘어가진 않을 테니까. 그런데 빈곤 지역 출신이나 흑인·히스패닉 등 소수인종이 경범죄를 많이 저지르지. 빈곤 지역의 경찰력 증강이 범죄율 증가(더 정확히는 범죄 적발률 증가)로 이어지는 이유야.

인공지능은 학습한 데이터만큼 똑똑해질 수 있어. 인공지능이 본질적으로 데이터 기반이기 때문이지. 문제는 데이터가 객관적이고 중립적인 정보가 아니라 편견으로 가득한 현실의 산물이라는 거야. 현실은 무균실보다 화장실에 더 가깝지 않을까? 편견이라는 배설물에 오염된 화장실 말이야. 그래서 인공지능은 공평무사한 신이 될 수 없어. 데이터는 대개 다수의 선택, 취향, 생각 등을 반영하기 마련이야. 민주주의에서 다수의 의견이나 다수결은 중요하지만, 다수의 생각이 늘 옳은 것도 합리적인 것도 아니지.

## 감시 – 빅브라더가 지켜본다

"당신은 감시당하고 있어. 정부는 사람들을 매 순간 훔쳐볼 수 있는 비밀 시스템을 가지고 있지. 난 알아. 내가 그 시스템을 만들었기 때문이야. 나는 그 기계를 테러 행위를 추적하기 위해 만들었는데 이제는 모든 것을 보고 있어." 〈퍼슨 오브 인터레스트〉라는 미국 드라마에서 주인공이 내뱉은 대사야. 드라마는 거대한 감시 시스템을 이용해 범죄를 예방한다는 내용을 담고 있어. CCTV와 위성 등을 통해 시민의 일상을 속속들이 들여다보는 미래 사회가 드라마의 배경이야.

그저 드라마 속 미래 이야기일까? 중국의 실시간 영상 감시 시스템의 이름은 천망(天網)이야. 천망의 뜻은 하늘을 덮는 그물이지. 아무도 빠져나갈 수 없는, 촘촘한 감시의 그물이란 뜻이야. 천망은 무려 2000만 대의 CCTV에 인공지능을 적용하여 범죄자를 식별하는 시스템이지. 화면에 잡히는 자동차의 색깔과 유형, 보행자의 성별과 나이, 복장 등을 실시간으로 파악해. 움직이는 사물은 하나도 놓치지 않고 일일이 추적해 범죄 용의자 데이터베이스와 비교하지. 천망은 디지털 감시 사회의 미래를 보여 주지.

천망은 합법적인 감시 체계로 볼 수 있어. 중국 정부가 실

인공지능과 CCTV의 결합은 범죄자를 예방하는 선일까, 사생활을 감시하는 악일까?

정법의 테두리 안에서 감시 활동을 벌이는 거니까. 천망을 훨씬 능가하는, 전 세계적 규모의 불법적 감시 활동도 있었어. 그게 뭐냐고? 미국 정부 기관 중에 NSA라는 게 있어. NSA는 National Security Agency, 즉 미 국가안보국의 약자야. NSA는 'No Such Agency(그런 기관은 없다)'라는 별칭이 붙을 정도로 은밀하고 베일에 감춰진 기관이지. 과거 이곳에서 무슨 일이 벌어진 걸까? 초법적이고 무분별한 감시 활동이 이뤄졌어. 법의 한계를 뛰어넘고 국경을 초월한 감시 활동이었지.

2013년 에드워드 스노든이라는 청년이 이곳의 실상을 전 세계에 폭로했어. 스노든은 미국의 NSA와 CIA에서 일했던 컴퓨터 전문가였지. 스노든은 NSA가 전 세계 인터넷 이용자들을 대상으로 방대하고 무차별적인 감시 활동을 벌인 사실을 폭로했어. NSA는 프리즘(PRISM)이란 도감청 프로그램을 개발해서 무차별적인 도감청을 벌였지. 문자, 이메일, SNS 등 광범위한 분야가 도감청 대상이었어. 미국인만이 아니라 전 세계인을 대상으로 한 무차별 도감청이었지. 이 사실을 폭로한 스노든은 역사상 가장 유명한 내부 고발자가 됐어.

프리즘의 성능은 상상을 뛰어넘지. 프리즘은 네이버 같은 검색엔진과 비슷하지만, 사용자가 공개하지 않은 정보도 검색할 수 있다는 점에서 보통의 검색엔진과 질적으로 달라. 가령 프리즘 검색창에 '청와대+대통령+테러' 이런 키워드를 입력하면 해당 내용이 포함된 문자, SNS, 이메일 등을 볼 수 있어. 가령 누군가 친구에게 문자로 "대통령 하는 짓, 진짜 열 받는다. 청와대에 테러라도 하고 싶다."라고 보냈다면 이를 프리즘으로 잡아낼 수 있지. 빅데이터가 빅브라더+라는 악마를 불러내는 거야.

2000만 대의 CCTV를 눈으로 가진 천망과 프리즘이 결합하면 어떻게 될까? 혹은 천망과 프리즘, 인공위성(감시 드론 포함)이 결합한다면? '디지털 빅브라더', 즉 막강한 감시 시스템이 탄생할 거야. 범죄자와 테러리스트를 잡아내려면 어쩔 수 없지 않냐고? 과연 그럴까?

영화 〈마이너리티 리포트〉를 가지고 얘기해 볼게. 앞에서 자율주행차 등과 관련해서 두어 번 언급한 영화인데, 기억나지? 영화의 주된 뼈대는 범죄가 일어나기 전에 이를 알아내 범죄를 막아 내고 예비 범죄자를 처벌한다는 내용이야. 영화에는 각종 생체인식 기기, 범죄자 추적 시스템, 정찰 로봇 등이 등장하지.

+ **빅브라더** 《동물농장》으로 잘 알려진 작가 조지 오웰의 작품 중에 《1984》가 있어. 빅브라더는 이 소설에 나오는 감시 체제이자 절대 권력을 상징해. 집 안과 거리 곳곳에 설치된 텔레스크린이라는 감시 장치가 모든 사람의 일거수일투족을 지켜보지. 텔레스크린은 카메라와 화면이 함께 달려 있어서 감시 활동과 선전 활동을 동시에 수행해.

가령 지하철 내부에 설치된 CCTV가 승객들의 안구를 스캔해 신원을 확인하는 식이야.

〈마이너리티 리포트〉는 범죄율 제로의 사회를 보여 주지. 그런데 제로의 이면에는 범죄와 무관한 이들의 고통이 숨어 있어. 범죄를 저지르지 않은 무고한 이들까지 마구잡이로 잡아들인 결과가 범죄율 제로거든. 〈마이너리티 리포트〉가 그리는 미래는 범죄 발생을 강력히 억제하는 큰 감옥과 다름없지. 어떻게 해서든 범죄율만 낮추면 상관없는 걸까? 범죄자만 잡을 수 있다면 모든 게 용서될까? 법에 관한 격언 중에 이런 게 있어. "10명의 범인을 놓치더라도 1명의 무고한 사람을 죄인으로 만들어선 안 된다." 너희와 전혀 상관없는 얘기 같아? 누구든지 억울한 누명을 쓸 수 있어.

## 사생활 침해

2017년에 인공지능 스피커 '구글홈 미니'가 주변에서 발생하는 소리를 동의 없이 녹음해 구글 본사에 전송한 사건이 발생했어. 전에도 이런 일들이 심심치 않게 일어났지. 2014년에는 손전등앱 사업자가 1000만 명의 위치 정보와 개인

일정 등을 해외 광고회사에 넘겼어. 이들 사건은 민감한 개인 정보가 정보통신 기기로 유출, 오용될 수 있음을 잘 보여 주지.

인공지능의 발전은 사생활 침해와 관련해서 심각한 문제를 낳을 수 있어. 민감한 개인 정보가 무분별하게 수집되고 잘못 쓰일 소지가 다분하거든. 사생활 침해는 크게 두 가지 방식으로 이뤄지지. 첫째는 개인 정보의 무단 유출이고, 둘째는 공개된 정보를 통한 사생활 침해야. 방식은 서로 다르지만, 민감한 개인 정보가 당사자의 의사와 상관없이 타인에게 공개된다는 점에서는 똑같지.

"프라이버시의 시대는 끝났다." 메타의 마크 저커버그가 한 말이야. "어플이 스마트폰에 접근을 할 수 있도록 허용하시겠습니까?" 많이 본 문구지? 대부분의 앱이, 처음 설치할 때 사진, 전화, 주소록, 캘린더, 저장소, 카메라, 마이크, 위치 정보, 신체 센서 등 개인 정보 접근을 허용해야 서비스를 이용할 수 있도록 하고 있어. 이런 정보가 왜 필요할까? 앱이 이런 기능을 가져와서 작업을 수행하기 때문이야. 가령 많이들 이용하는 카카오톡을 보면 '친구 추가' 기능이 있어. 이 기능이 제대로 작동하려면 주소록에 대한 접근 권한이 필요하지.

그런데 여기서 개인 정보 활용에 따른 사생활 침해 문제가 발생할 수 있어. 개인 정보 접근 권한을 허용함으로써 앱 사업자가 사용자의 정보를 수집할 수 있거든. 동선, 일정, 취향, 가치관, 인간관계 등에 관해서 말이야. 그렇게 개인의 이동 경로, 행동 패턴 등이 고스란히 기업 서버에 데이터로 저장되는 거야. 엄청난 양의 데이터가 생성되고 모이고 쌓이지. 관리자가 누군가의 개인 정보를 의도적으로 훔쳐보지 않는다 해도, 다수의 정보가 수집되고 분석된다는 점에서 문제의 소지가 있어.

인공지능의 경우 데이터가 매우 중요하다고 했지? 앞에서 빅데이터에 대해 여러 번 언급했잖아. 수집된 개인 정보가 해킹 등으로 대량 유출될 수 있어. 2016년 인터파크는 2665만 건의 회원 정보를 해킹 당했지. 회원 수로는 1030만 명에 달하는 규모였어. 미국에선 2017년 소비자 신용평가기관인 에퀴팩스가 무려 1억 4300만 명의 사회보장번호(주민등록번호와 비슷해)와 생년월일 등 개인 정보를 해킹 당했지. 개인 정보의 무분별한 수집·저장도 큰 문제지만, 외부 유출 없이 잘 관리된다면 그나마 다행인 거야.

지난 몇 년간 한국에서 터진 굵직굵직한 개인정보 유출 사건들만 나열해 볼게. 2016년 인터파크 건 이전에도 SK컴즈 3500만 건(2011년), 메이플스토리 1300만 건(2011년), KB국민카드·NH농협카드·롯데카드 1억 4000만 건(2014년), KT 870만 건(2012년)과 1200만 건(2014년) 등이 있었어. 해킹된 개인 정보는 헐값에 매매되지. 해킹으로 유출된 주민등록번호가 인당 10원에 거래된대. 사물인터넷이 활성화되면 민감한 개인 정보가 더 많이 수집될 거야. 개인 정보에 대한 엄격한 관리에 더해 개인 정보 유출 및 악용에 대한 강력한 처벌이 요구되지.

둘째는 공개된 정보를 활용한 사생활 침해야. 말 그대로 이미 공개된 정보가 악용돼 당사자가 공개를 원치 않는 정보가 공개되는 문제지. 페이스북의 안면 인식 인공지능 딥페이스가 이와 관련해서 논란이 된 적이 있어. 사람의 얼굴을 인식하는 딥페이스의 정확도는 97.25퍼센트에 달해. 얼굴 사진 100장 중 97장의 얼굴을 정확히 인식하는 거야. 얼굴 사진 한 장만 있으면 딥페이스의 도움을 받아 페이스북 계정을 찾아내서 신상 정보를 알아낼 수 있지. 사진 한 장만으로 사생활 침해의 함정에 빠지는 거야.

공개된 정보를 통한 사생활 침해는 생각지도 못한 방식으로 이뤄지기도 해. 예를 들어, 어떤 정보(사진, 인맥 정보 등)를 분석해서 성적 지향처럼 개인이 밝히길 꺼리는 정보를 밝혀낼 수 있지. 가령 영국의 컴퓨터과학자 코진스키는 얼굴 사진을 분석해 성적 지향을 추정하는 인공지능을 개발했어. 해당 인공지능은 남성 81퍼센트, 여성 71퍼센트의 정확도로 동성애자를 가려낸다고 해. 공개 정보(얼굴 사진)를 통해 비공개 정보(성적 지향)가 추론되는 거야.

이런 사례도 있지. 미국에서는 주(州) 차원에서 소유하고 있는 진료 기록을 연구용으로 공개하고 있어. 환자의 진단명, 의료 행위, 인구학적 통계(성별, 나이, 우편번호 등)를 포함한 광범위한 정보가 포함돼 있지만, 각 정보들은 누구의 것인지 알 수 없도록 비식별화 과정을 거친 뒤에 공개하지. 그런데 하버드대학의 스위니 교수가 공개된 의료 정보와 신문 기사 등 손쉽게 구할 수 있는 다른 정보를 연결해 분석했더니 인물을 특정할 수 있었어. 분석 기술이 발전할수록 예상치 못한 곳에서 사생활 침해가 발생할 수 있는 거야.

개인 정보의 무단 유출과 정보 분석을 통한 사생활 침해가 결합해 문제를 낳기도 하지. 2016년 미국 대선에서 5000만 명의 개인 정보가 페이스북에서 유출돼 트럼프 캠프로 흘러갔어. 트럼프 캠프는 이를 토대로 맞춤형 선거 전략을 짜고 정치 심리전을 펼쳤지. 친구 목록, '좋아요'를 누른 게시물 등을 분석해 이용자의 정치 성향을 파악한 결과였어.✚ 다수의 개인 정보가 유출된 것도 문제지만, 공개된 정보(친구 목록)를 가지고 비공개 정보(정치 성향)를 추론해서 선거에 이용한 것이 더 큰 문제야. 내밀한 정치 성향을 몰래 파악해서 유권자를 조종하려 한 거니까. 정보를 이용해 사람을 조종하는 시대가 된 거야.

하나만 더 지적하자면 사생활 침해를 정보 유출의 측면에서 주로 살펴봤는데, 사실 이 문제 역시 '감시'의 관점에서 이해할 수 있지 않을까? 감시 사회에서 다룬 감시가 빅브라더의 감시였다면, 사생활의 문제는 '리틀 브라더'의 감시로 볼 수 있을 테니까.

✚ 케임브리지대학의 심리측정연구소는 페이스북의 '좋아요' 정보를 이용해 사용자의 연령, 인종, 성격, 종교, IQ, 흡연 여부, 성적 지향, 정치 성향, 마약 사용 여부 등을 추정했어. 인종은 95퍼센트, 정치 성향은 85퍼센트로 정확도가 꽤 높았어. 동성애에 대한 예측 정확도도 남성의 경우 88퍼센트, 여성의 경우 75퍼센트에 달했지.

## 민주주의의 위협

사실 정보 격차로 인한 양극화, 정보 편향에 따른 차별, 디지털 감시의 일상화, 정보 집중과 유출에 따른 사생활 침해, 이 모든 문제가 하나의 울타리로 엮여 있어. 그건 바로 민주주의의 위협이야. 인공지능의 발전은 정치적 측면에서 짙은 그림자를 드리우지.

첫 번째로 살펴본 정보 격차에 따른 경제적·사회적 양극화도 민주주의의 약화로 이어질 수 있어. 가난한 사람일수록 정치에서 멀어질 수밖에 없지. 정치에 관심을 가질 여유가 없어지니까. 민주주의는 시민의 관심과 참여를 먹고 자라는 나무야. 결국 정보를 쥔 쪽이 권력을 틀어쥐고, 정보에서 소외된 이들은 의사결정 과정에서 배제되겠지. 뒤에서 더 자세히 다루겠지만 인공지능으로 사람들이 일자리를 잃게 돼도 민주주의는 위기를 맞을 수 있어.

두 번째로 살펴본 차별 문제는 정보 편향의 관점에서 이해할 수 있어. 양극화가 경제적 측면에서 정보 편중의 결과라고 한다면, 인권 후퇴는 인권의 측면에서 정보 편향의 결과라고 볼 수 있지. 성경에 이런 구절이 나와. “누구든지 있는 사람은 더 받아 넉넉해지고 없는 사람은 있는 것마저 빼앗길 것이다.”(〈마태복음〉 25장 29절) 빅데이터의 편중도 그런 관점에서 이해할 수 있어. 주류(사회를 주도하고 지배하는 세력)에 대한 정보가 갈수록 많아지고 비주류(소수나 약자)에 대한 정보가 점점 더 줄어든 결과가 차별로 나타나거든.

세 번째로 살펴본 감시 시스템은 통제적·억압적 성격이 더욱 두드러지지. 세계적인 사회학자 지그문트 바우만은《친애하는 빅브라더》에서 "사람들은 자기가 언제 실제로 감시되는지 알 수 없어야 한다. 그 결과 사람들은 감시당하고 있다는 사실을 주목하지 않게 된다."라고 했어. 그래서일까, 사람들이 감시당하는 것에 점점 더 무뎌지고 있는 것 같아. 감시가 자연스러워지고 감시를 당연시하는 사회에서 민주주의의 자리는 위태로울 수 있지. 국민이 유순하고 복종적일수록 통치가 더 쉬워지고 권력자는 더욱 강해지거든.

마지막으로 살펴본 정보 집중화는 어떨까? 개인 정보 제공이라는 미명 아래 정보가 기업과 공공기관에 집중될 가능성이 높아지게 되지. 시민들에 대한 이들의 지배력 강화에 대한 우려가 커지고 있어. 기업과 공공기관들은 안심하라고 말하지만 데이터도 권력이 될 수 있다는 점에서 안심할 수가 없지. 기업과 정부가 인공지능을 이용해 개인 정보를 모니터링하고 사람들을 관리할 수 있거든. 인공지능을 통해 더 효율적인 관리가 가능해지는 거야. 문제는 관리와 감시가 종이 한 장 차이라는 데 있지.

민주주의라는 제도는 개방성과 투명성을 생명으로 하지. 누구나 정치에 참여할 수 있고, 중요한 의사결정 과정이 투명하게 공개돼야 해. 인공지능도 마찬가지야. 인공지능이 민주주의에 역행하지 않으려면 개방성과 투명성이 요구되지. 인공지능이 학습에 사용한 데이터가 무엇인지, 인공지능의 알고리즘이 초래할 결과는 어떠할지 있는 그대로 밝혀야 해. 인공지능이 작동하는 과정에서, 즉 자동화된 의사처리과정이 적용된 서비스를 이용하는 과정에서 어떤 정보가 쓰이고 어떤 부작용이 예상되는지 알려야 하지.

대화형 인공지능 챗GPT를 개발한 오픈AI는 2015년 설립됐어. 이 회사의 특징은 모든 연구 결과를 공개한다는 점이지. 연구 내용을 철저히 공개해서 기술의 부작용을 객관적으로 평가받고 이를 다시 연구에 반영함으로써 인공지능의 위험성을 막을 수 있다고 믿기 때문이야. 공개된 연구 결과를 타인이 무단으로 이용할 우려가 있는데도 말이지. 오픈AI는 인공지능 개발의 투명성을 보여 주는 좋은 사례야.

인공지능을 포함한 첨단 기술이 무조건 독재를 초래하는 건 아니야. 정보통신 기술을 활용해 직접민주주의를 꽃피울 수 있

거든. 카카오톡 같은 앱만 깔아도 여러 사람이 찬반 투표를 쉽게 할 수 있잖아. 이를 전 국민으로 확대한다고 생각해 봐. 대의민주주의는 한계를 안고 있어. 대의기관이 민의(民意)를 왜곡할 수 있거든. 다수의 뜻이라고 늘 옳은 건 아니라는 점에서 직접민주주의 역시 한계가 있지만, 민의가 왜곡 없이 정치에 반영될 수 있다는 점에서 직접민주주의는 대의민주주의보다 장점이 큰 제도야. 그런데 지금까지 이를 실현할 마땅한 방법이 없었지. 정보통신 기술의 발전으로 직접민주주의를 실현할 기술적 토대가 마련됐어.

인공지능은 정치체제를 바꿀 잠재력을 가지고 있어. 그 잠재력을 실현하려면 행동하는 시민의 힘이 필요하지. 유순하고 복종적인 국민이 아니라 당당하고 저항적인 시민의 힘 말이야. 미국 잡지 《타임》은 1927년부터 매년 올해의 인물을 뽑고 있어. 2006년 선정된 올해의 인물이 바로 유(YOU), '당신'이었어. 인터넷에서 정보를 공유하며 연대하는 사람들을 가리키지. 우리에게 필요한 것은 인공지능의 사회적 통제, 혹은 민주적 통제가 아닐까? 빅데이터를 보유한 거대 기업이나 공공기관에 대한 적절한 사회적 통제가 이뤄지지 않는다면 시민은 거대 조직의 조작 대상으로 전락할지 몰라.

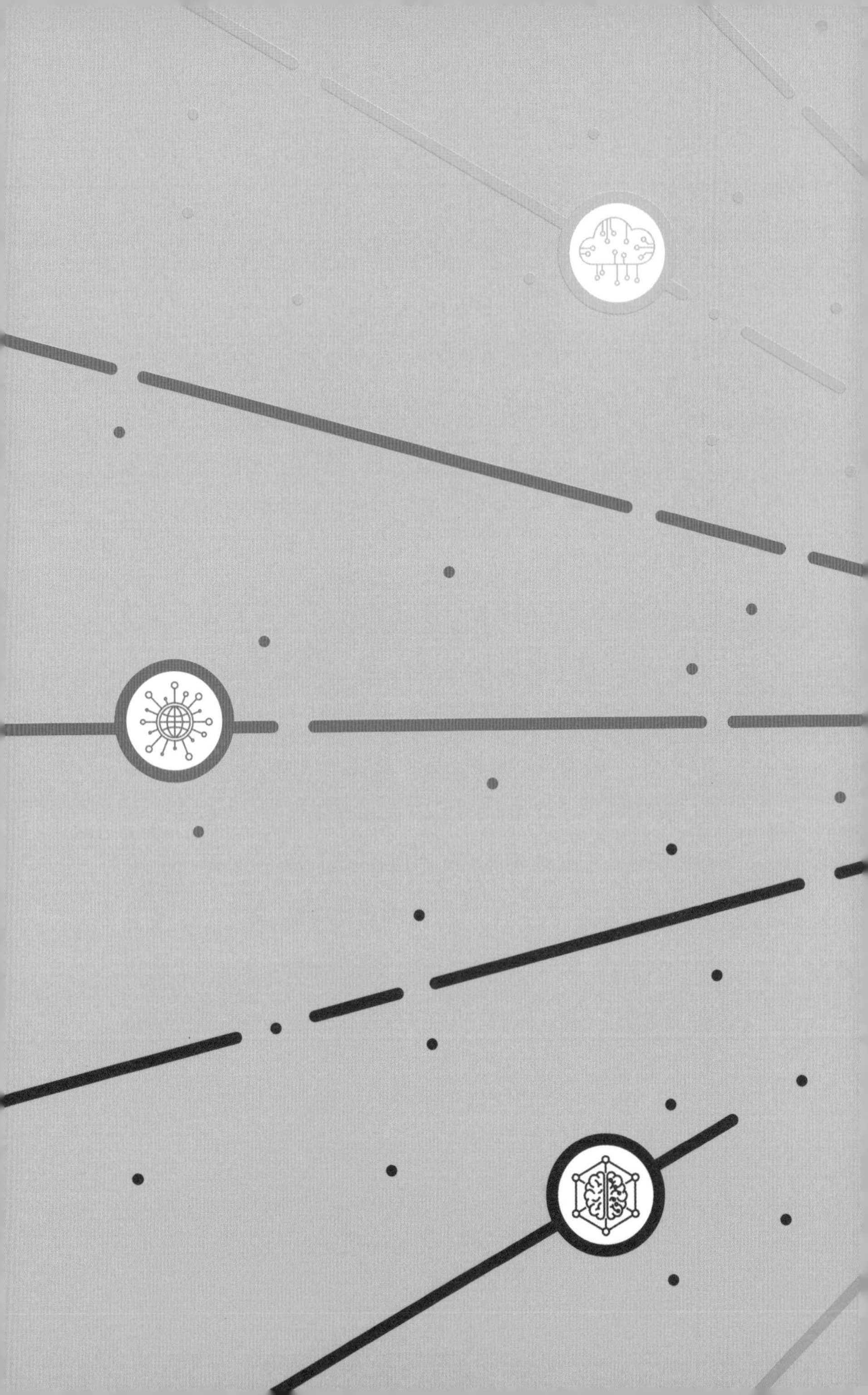

6
인공지능,
네가 인간을 대신할 거라며?

## 일자리의 미래 - 제조업

인공지능은 일자리를 줄일까, 늘릴까? 새로운 기술이 등장할 때마다 사람들은 기계가 인간을 몰아낼 거라고 우려하지. 산업혁명이 대표적이야. 그러나 그런 일은 없었지. 컴퓨터가 등장하면서 오히려 임금이 상승했다는 증거도 많아. 100년 전으로 가 볼까? 20세기 초 자동차가 마차를 밀어냈지. 1912년 미국 자동차 판매량은 35만 대에 달했고, 5년 뒤 뉴욕에서 마차가 사라졌어. 마차의 퇴장과 함께 수많은 일자리도 이슬처럼 증발했지. 말똥을 치우는 청소부, 마차 수리공, 말굽을 가는 사람 등등. 그렇게 일자리가 줄어드는 듯했지만 반전이 일어났어. 자동차와 관련된 일자리가 증가했던 거야.

이처럼 미래는 선부른 예측을 비웃지. 기술의 진화 방향을 예측하기란 대단히 어려워. 일자리의 미래도 마찬가지야. 그럼에도 사람들은 미래를 예측하려고 노력하지. 100퍼센트 정확한 예측이 힘들더라도, 미래를 대비하기 위해서야. 사라질 직업에 대한 예측은 전문가들 사이에서 얼마간 일치하지. 그러나 유망한 직업에 대한 예측은 일치하지 않고 불분명해. 완벽하진 않겠지만, 미래를 대비하기 위해서 일자리의 미래를 살펴볼까?

로봇은 태생부터 인간의 일자리를 대체하기 위해서 만들어졌어. 애초 사람들은 로봇을 쉬지 않고 파업하지도 않으며 일만 하는 값싼 노동자, 아니 노예로 상상한 것 같아. 로봇이라는 단어는 1921년 체코의 극작가 카렐 차페크가 발표한 희곡 〈로섬의 만능 로봇(Rossum's Universal Robot)〉에서 처음 사용됐어. 로봇의 어원은 체코어의 로보타야. 옛날에 로보타는 부모가 없어서 이집 저집 팔려 다니는 고아를 뜻했어. 그래서 현대 체코어에서 로보타는 부역, 고된 일 등을 뜻해. 그러니까 로봇은 팔려 다니는 고아나 노예에 가깝지. 어원이 보여 주듯 로봇은 인간 대신 많은 일을 하게 될 거야.

로봇과 인공지능이 가장 두각을 나타낼 분야는 생산 현장일 거야. 흔히 제조업이라고 불리는 분야지. 제조업은 공장에서 상품을 대량으로 만드는 산업 분야야. 로봇과 인공지능은 일차적으로 제조업 분야의 생산성을 크게 높일 거야. 생산성을 높인다는 것은, 쉽게 말해 같은 비용·노력을 들여 더 많은 가치·

생산물을 만든다는 뜻이야.

산업용 로봇 '소이어'를 가지고 설명해 볼게. 소이어는 로봇의 작업을 설계할 엔지니어가 별도로 필요 없는 로봇이야. 일반 노동자가 본인이 실제로 하는 작업 순서 그대로 로봇팔을 움직여 주기만 하면 되지. 그러면 소이어가 동작을 기억한 후에 알아서 작업하거든. 소이어의 가격은 3만 달러가 안 되고 수명은 6500시간이야. 시간당 비용을 계산해 보면 5000원도 안 되지. 2023년 법정 최저임금이 9620원이야. 사람 노동자보다 더 적은 비용으로 로봇 일꾼을 쓸 수 있는 거야. 이처럼 적은 비용으로 큰 효과를 거둘 때 '생산성 향상'이라고 불러.

기업의 생산성이 올라가는 만큼 물건값을 낮출 수 있지. 안락하고 풍요로운 삶을 살기 위해 필요한 것들이 지금보다 더 저렴해질 수 있는 거야. 이렇게만 보면 인공지능과 로봇은 분명 큰 이점을 가지고 있지. 그런데 기업과 소비자의 입장이 아니라 노동자의 입장에서 보면 상황이 완전히 달라지게 돼. 인공지능과 로봇의 생산성이 향상될수록 노동자의 일자리는 줄어들게 마련이니까.

기계는 오래전부터 인간을 대체해 왔어. 산업화 시대에도 기계화 · 자동화가 인간의 일자리를 많이 밀어냈지. 2016년 세계 국제로봇연맹(IFR)이 최근 발표한 〈2022 세계 로봇 보고서〉에 따르면 한국의 2021년 산업용 로봇 밀도는 1000대를 기록했어. 이는 2020년의 932대에서 68대(7%)가 늘어난 것으로, 로봇 밀도가 1000대를 넘어선 나라는 전 세계에서 한국이 유일하지. 그만큼 많은 로봇이 한국인의 일자리를 빼앗고 있어.

지금도 많은 공장에서 로봇을 쓰지만, 어쨌든 많은 노동자를 쓰기도 하지. 로봇이 모든 일을 다 하는 건 아니니까. 그런데 앞으로는 상황이 달라질 거야. 일명 '스마트 팩토리'로 불리는 무인 공장이 대세가 될 테니까. 아이폰 등을 위탁 생산하는 홍하이정밀이라는 기업이 있어. 2013년 직원이 130만 명에 달했지. 단일 기업으로는 세계 최대 규모였어. 그런데 직원 수가 2015년 100만 명, 2016년 87만 명으로 빠르게 줄었어. 인건비 상승 등으로 산업용 로봇을 빠르게 도입한 결과야.

여기에 3D 프린팅이 더해지면서 제조업은 커다란 변화를 맞게 될 거야. 3D 프린팅은 프린터로 물건을 뽑아내는 기술이지. 보통의 프린터가 평면에 잉크를 찍어 낸다면 3D 프린터는 3차원 공간 안에 사물을 찍어 내지(그래서 3차원을 뜻하는 '3D'가 붙었어). 3D 프린팅을 통해 의료 용품, 생활 용품, 자동차 부품 등 다양한 물건을 만들 수 있어. 대형 설비 없이도 누구나 자기가 디자인한 제품을 생산할 수 있지. 소규모 제조업의 시대가 열리는 거야. 큰 공장들은 무인화로 사람이 필요 없어지고, 소규모 공장들도 3D 프린팅을 도입하면서 한 사람만 있으면 제품 디자인부터 시제품 제작, 실제 생산까지 모두 할 수 있게 되지.

산업화 시대의 기계는 수동적이었어. 즉, 기계 스스로 일하지 못했지. 모든 건 인간이 통제하고 관리했어. 인간이 없으면 기계가 돌아가지 않았거든. 그래서 공장에는 기계도 많았지만 기계를 작동하고 관리하는 인력도 많았지. 앞으로 도래할 자동화는 어떻게 다를까? 산업화 시대의 자동화가 인간의 신체적 능력을 기계가 대체한 거라면, 이제는 신체적 능력뿐만 아니라 인지적 능력과 감정적 능력까지 대체할지 몰라. 공장에서 시작된 자동화 시스템은 조만간 가정, 상점, 식당, 병원, 은행, 심지어 전쟁터까지 확대될 거야.

제조업만 위험한 게 아니야. 여러 직업이 위기를 맞을 거야. 기관마다 예측이 조금씩 다른데, 공통적으로 예측하는 분야는 운수업이지. 자율주행차가 대세가 되면 버스, 택시 운전기사들이 대거 사라질 거야. 자동차가 줄어들면 정비사, 자동차 딜러, 주차장 관리인 등도 줄어들겠지. 운전면허시

험도 거의 사라지고, 면허시험장 종사자들도 일자리를 잃겠지. 전화로 상품을 판매하는 텔레마케터나 상담사 등도 사라질 거야. 인공지능의 대화 수준이 날로 발전하고 있거든. 반복 작업이 가능한 단순 업무는 대부분 인공지능이나 로봇에 의해서 대체될 거야.

전문직도 안전하지 않아. 의사, 기자, 약사, 번역가, 변호사, 회계사, 변리사, 금융 전문가 등도 위험할 수 있어. 앞에서 소개한 '닥터 왓슨' 기억하지? 인공지능 의사 말이야. 왓슨은 현재 MD 앤더슨 암센터 등에서 암 진단에 활용되고 있어. 국내에서도 가천대 길병원, 부산대병원, 건양대병원 등이 왓슨을 도입해 시범적으로 운용하고 있어. 환자에 대한 정보와 최신 의학 저널 등에 기초해 90퍼센트 이상의 정확도로 몇 분 만에 암을 진단하지.

의사가 본인의 전문 분야에서 새롭게 발표되는 논문을 전부 읽으려면 일주일에 160시간이 필요하다고 해. 그런데 일주일은 168시간밖에 안 돼. 논문을 다 읽다가는 다른 일을 전혀 할 수 없는 거야. 다시 말해, 질병을 진단하고 치료하는 데 필요한 최신 정보를 모두 습득하기가 현실적으로 불가능해. 따라서 의사 대신 인공지능이 방대한 정보를 바탕으로 적절한 치료법을 제시하는 게 효율적이야(사실 의사는 좀 더 복잡한 문제를 안고 있는

데, 이에 대해서는 뒤에서 자세히 다룰게).

기자도 위험해. 2014년 3월, LA 지역에 진도 4.4의 지진이 발생했지. 〈LA 타임스〉가 이에 대한 속보 기사를 가장 빨리 내보냈어. 지진 경고가 발령되고 8분이 지나지 않은 시점이었지. 빠른 기사 작성의 비결은 사람이 아닌 컴퓨터가 기사를 작성한 덕분이었어. 〈LA 타임스〉 말고도 〈AP〉, 〈로이터〉, 〈블룸버그〉 등이 속보 기사 작성의 일부를 로봇으로 대체한 바 있지. 전 세계적으로 간단한 기사를 작성할 수 있는 로봇저널리즘이 이미 활용되고 있어. 로봇저널리즘이란 인공지능 시스템을 갖춘 컴퓨터 소프트웨어가 기사를 작성하는 방식이야. 컴퓨터 소프트웨어가 인터넷상의 정보를 수집해서 정리한 후에 이를 분석해서 기사를 작성하지. 워드스미스(Wordsmith)라는 기사 로봇은 2013년 한 해에만 무려 300만 건의 기사를 작성했어. 영국의 〈가디언〉은 로봇저널

리즘을 통해 기존 기사를 편집해 주간지를 만들고 있지.

약사도 사라질 가능성이 있어. 인공지능 로봇이 처방전을 스캔해 조제하면 실수할 확률이 인간보다 더 적고, 의약품 전문지식도 약사를 훨씬 능가하기 때문이야. 미국의 5개 대학병원에서 도입한 약사 로봇의 경우, 35만 건을 조제하는 동안 단 한 건의 실수도 없었어. 국내에서는 삼성병원이 '아포데카 케모'라는 조제 로봇을 사용 중이야. 이 로봇으로 조제가 까다롭고 위험한 항암 주사제를 조제하지. 조제 실패율은 0.98퍼센트 수준이야.

은행원, 증권사 직원 등 금융 계통도 인공지능으로부터 자유롭지 않지. 2008년 세계 금융 위기가 발생한 이후에 미국의 금융회사들은 슈퍼컴퓨터 도입을 늘렸어. 사실 인공지능이 뜨기 전부터 증권사들은 시스템 트레이딩을 이용했지. 시스템 트레이딩은 컴퓨터 프로그램을 이용해 일정한 조건에 따라 자동으

로 주식을 사고파는 방식이야. 인공지능은 시스템 트레이딩뿐만 아니라 최근에는 투자 자문(자산운용사 블랙록의 AI 퓨처 어드바이저), 투자 분석(미국 켄쇼 사의 AI 워렌) 등에도 활용되고 있어.

법률 서비스도 인공지능이 이미 활약 중인 분야지. '베이커 앤드 호스테틀러'라는 미국 로펌(법률회사)은 변호사 업무의 30~40퍼센트를 차지하는 판례(동일하거나 비슷한 소송 사건에 대한 과거 재판의 선례) 분석을 인공지능 변호사 로스(ROSS)의 힘을 빌려 자동화했어. 로스는 1초에 100만 권 분량의 데이터를 분석할 수 있다고 해. 어마어마한 속도 아니야? 사람은 1초에 종이 1장의 데이터도 분석하기 어렵잖아. 인공지능 변호사가 판사와 배심원을 설득하기는 쉽지 않더라도, 적어도 판례 분석에서만큼은 인간에 대한 압도적 판정승이지.

일부에선 로봇·인공지능 기술이 발전하면 그에 따라 일자리도 늘어날 거라고 주장하지. 정말로 새로운 일자리가 생겨날까? 물론 생길 거야. 그런데 새로운 일자리가 생기더라도 그게 어떤 것일지 예측하기가 매우 어려워. 가령 1990년대 말에는 '정보검색사'가 유망 직업으로 주목받았지. 그때는 인터넷 정보검색사 공인 자격증도 인기였어. 검색 포털 야후에는 웹서퍼라는 직종이 있었지. 인터넷을 종횡무진 서핑하면서 신뢰할 만한 웹사이트를 선정해서 추천하는 것이 웹서퍼의 주된 업무였어.

지금 웹서퍼라는 직종은 자취를 감췄지.

어떤 직종이 미래에 유망할지 예측하는 일은 그만큼 어려워. 인공지능도 마찬가지야. 인공지능과 관련해서 구체적으로 어떤 분야에서 어떤 일자리가 생겨날지 예측하기란 대단히 어려워. 인공지능이 유망하다고 해서 인공지능과 관련된 모든 직종이 유망한 건 아니니까. 결국 인공지능만 콕 찍어서 예측하기보다 인공지능을 포함해서 IT 업종 전체에서 늘어날 일자리를 예측해 보는 게 더 쉽겠지.

포털이나 사이트에 올라온 정보를 걸러 내는 일자리는 엄청나게 늘어날 거야. 지금도 그런 일자리는 굉장히 많아. 아마존의 메커니컬 터크(mechanical turk)가 대표적이지. 메커니컬 터크는 일감을 가진 수요자와 그 일을 할 수 있는 공급자를 연결하는 서비스야. 전 세계에서 50만 명 넘는 사람들이 성인물 여부를 검사하기 위해 광고를 클릭하는 일부터 번역 결과 체크, 검색 결과에 대한 평가, 이미지에 태그 달기 등의 일을 하지. 유튜브에도 포르노가 올라오면 걸러 내는 사람들이 있어. 자동화를 거쳐 1차로 걸러 내긴 하지만, 사람이 재검사해야 해. 이런 업무는 대부분 저임금 노동이야. 아마존의 메커니컬 터크의 경우에 건당 10원도 안 되는 품삯을 받는 걸로 알려져 있어.

분명, 로봇과 인공지능을 개발하는 인력 수요는 늘어날지 몰

라. 그러나 로봇으로 일자리가 생기더라도, 그것은 로봇이 빼앗는 일자리에 미치지 못하지. 로봇 때문에 사라지는 일자리는 많고 그 사실은 분명하지만, 로봇 덕분에 새로 생기는 일자리는 적고 그조차 불분명하거든. 18세기에 산업혁명이 일어나자 많은 사람이 어려움을 겪었어. 기계가 도입되면서 수공업자들의 일자리가 사라졌기 때문이야. 그 결과 기계 파괴 운동인 '러다이트 운동'이 일어났어. 그러나 러다이트 운동은 실패로 끝났고, 기계를 앞세운 근대 산업이 승리했지. 미래도 다르지 않을 거야. 일자리 경쟁에서 인간은 인공지능의 상대가 안 돼.

## 서비스업은 제조업과 다를까?

아마존은 아마존고(amazonGo)라는 무인점포를 만들었어(2023년 현재, 한국에 아마존고 매장은 아직 없어). 구매할 물건을 집어 들고 출입구를 나오면 자동으로 계산되는 점포야. 앱을 깔고 스마트폰을 터치하면 매장 입장이 가능하고, 물건을 들고 매장을 빠져나오는 순간 자동 결제가 이뤄지지. 계산원이 일일이 물건을 계산하지 않았는데 말이야. 매장 천장에 설치된 수많은 카메라와 진열대에 연결된 인공지능 센서(손님이 진열대에서 상품을 집어 들면 자동으로 계산된다) 덕분에 이런 서비스가 가능하지. 앞으로 무인점포가 대폭 늘어날 거야.

서비스업에서도 제조업과 마찬가지로 인간의 일자리가 대거 사라지게 될까? 무인점포만 놓고 보면 그럴 것 같지만, 이 문제는 좀 더 고민이 필요해 보이지. 분명, 로봇과 인공지능이 많은 일자리를 대체할 거야. 2017년 한국고용정보원은 2025년까지 국내 직업의 70.6퍼센트를 로봇과 인공지능이 대체할 수 있다고 발표했지. 다만 이것이 인간의 완전한 대체가 될지, 부분적 대체가 될지는 좀 더 생각해 볼 필요가 있어. 로봇도 한계가 분명히 있거든. 다시 말해, 어떤 직업에서 요구되는 모든 작업을 로봇이 전부 떠맡을 수는 없어.

가령 식당 점원을 로봇으로 대체하기 쉬울까? 로봇이 음식을 서빙할 수는 있지만 계산을 하거나 테이블을 치우는 등의 모든 일을 대체하기란 쉽지 않지. 즉, 로봇은 어떤 직종의 전체 작업이 아니라 일부 작업을 대체할 거야. 대개 그렇지. 아마존고처럼 물건을 파는 상점이나 자동차 운전 등은 무인화할 수 있겠지만, 음식점, 미용실, 세탁소 등 인간의 섬세함이 필요한 서비스업은 무인화가 쉽지 않아. 결국 로봇이 특정 서비스 업종의 전체 작업을 대체하기는 어려워 보이지.

글로벌 컨설팅 업체 맥킨지의 조사에 따르면 800개 직업에서 이루어지는 2000가지 주요 작업 중 900가지를 자동화할 수 있어. 그런데 800개 직업 중 자동화로 완전히 대체할 수 있는 직업은 40개에 불과하다고 해. 어떤 직업의 여러 작업을 부분적으로 자동화할 수 있지만, 하나의 직업 전체, 그러니까 특정 직업의 전체 작업을 자동화하는 건 어렵다는 뜻이야. 로봇이 한 업종에서 사람을 완전히 대체하기보다 사람의 작업 일부를 대체함으로써 로봇과 사람이 함께 일하면서 효율성을 높일 거라고 봐야지. 결론적으로 로봇의 노동력 대체는 '직업' 단위보다 '작업' 단위로 이해할 필요가 있어.

완벽한 서비스가 가능하려면 인간의 요구와 감정을 정확히 파악하고 반영해야 해. 물론 이 부분은 인공지능이 발전할수록 개선될 여지가 충분하지. 하지만 인공지능이 발전하더라도 로봇 기술이 뒷받침되지 못하면 서비스업에서 인공지능의 인간 대체는 한계에 부닥칠 수밖에 없어. 예를 들어, 2010년 버클리 캘리포니아대학에서 개발한 빨래 개는 로봇은 수건 한 장을 개는 데 19분이 걸렸지. 2년 뒤 좀 나아지긴 했지만, 티셔츠 한 장을 접는 데 여전히 6분 이상이 걸렸어. 이처럼 정교한 물리적 조작이 요구되는 작업은 생각보다 대체가 쉽지 않지. 서비스업과 제조업이 다른 측면이 있는 거야. 서비스업은 제조업과 같은 전면적 대체가 아니라 인간과 인공지능의 협업 형태로 공존하게 될 가능성이 높아. 당분간은 말이야.

의사 같은 전문직은 어떨까? 〈휴먼스〉라는 영국 드라마가 있어. 인간보다 더 뛰어난 안드로이드가 등장하는 드라마야. 드라마에는 의대 진학을 준비하는 딸의 성적이 크게 떨어지는 일이 벌어지지. 부모가 성적이 떨어진 이유를 묻자 딸이 눈물을 흘리며 이렇게 말해. "열심히 공부한다고 무슨 소용이죠? 나중에 의사가 돼도 어차피 인공지능이 훨씬 더 잘할 텐데요." 왓슨처럼 뛰어난 인공지능 의사를 보면 그런 걱정이 기우가 아닌 듯하지.

앞에서 위협받는 직종 중 하나로 의사를 꼽았지만, 사정이 간단하진 않아. 아직까지 인공지능이 진료를 전적으로 책임지기 어렵거든. 인공지능이 인간 의사와 독립해 혼자서 진료할 수 없는 분위기야. 이유는 간단해. 환자가 인공지능을 100퍼센트 신뢰하지 못하기 때문이야. "인공지능에 모든 걸 맡겨도 될까?" 사람마다 대답이 다를 수 있지만, 맡긴다 해도 전적으로 인공지능을 신뢰해서 그러는 사람은 드물 거야. 어떤 일을 전적으로 맡기려면 그에 따른 책임이 따라야 하는데, 인공지능에 책임을 묻기는 어렵거든.

의사나 변호사 등 일부 전문직의 경우에 인공지능이 인간을 완전히 대체하기보다 인공지능과 인간이 협업하는 수준에서 인공지능의 역할이 커질 거라고 보는 이유야. 또, 의학 지식이나 데이터로 대신할 수 없는 부분이 있지. 의사와 환자의 상호 소통과 교감, 인간의 가치 판단도 더없이 중요하지. 아직까지 인공지능 의사는 그런 능력을 갖추지 못하고 있어. 그런 점에서 미래에도 의사와 인공지능은 함께 일할 가능성이 높지. 결국 제조업·육체노동은 로봇으로 거의 대체되고, 서비스업·정신노동(지식 노동)·감정노동은 인간과 인공지능의 협업으로 바뀌게 될 거야.

서비스업과 더불어 마지막까지 살아남을 일자리는 무엇일까? 가수, 연기자, 예술가, 정치인, 심리상담사 등은 살아남을 거야. 이들 직업을 그 특성에 따라 나누면 크게 세 가지로 분류할 수 있어.

첫째, 새로운 것을 창조하는 직업은 앞으로도 살아남을 거야. 작가, 예술가, 건축가, 디자이너, 소프트웨어 프로그래머…. 인공지능은 기존 데이터가 있어야만 작업이 가능하지. 여기에 착안한다면 기존의 데이터가 거의 없거나 적은 쪽에서 일한다면 살아남을 가능성이 높지. 독창성, 창의성이 더 중요해질 수밖에 없어.

둘째, 인간의 마음이나 감성과 연결된 직업들은 살아남을 가능성이 높지. 노인 간병, 아이 보육, 심리 상담, 학생 상담 등이야. 이들 업무의 특징이 뭘까? 반복적이지 않으면서(공장 로봇처럼 반복적 작업을 하는 게 아니야) 대인관계를 요하는 업무야. 다시 말해, 사람을 정성스레 돌보는 일, 사람 사이에 사회적 상호작용이 필요한 일, 내밀한 소통을 통해 공감하고 위로하는 일 등은 인공지능이 하기 어렵지.

셋째, 판사, 정치인, CEO 등 사회에서 중요한 판단을 하는 직업들은 건재할 거야. 생산 활동이나 위험한 작업 등은 인공지능이 도맡아 하겠지만, 인간의 운명을 결정하는 일은 인간이 계속 맡을 가능성이 높지. 물론 판사의 업무가 자동화될 수도 있어. 그래서 법전과 판례 등을 완벽하게 숙지한 인공지능이 판결할 수도 있지. 그 경우에도 경범죄, 음주운전 등 간단한 판결만 인공지능에 맡길 거야. 사람을 구속하거나 형량을 선고하는 등 인간의 운명을 가르는 중요한 결정은 인공지능에 맡기지 않을 가능성이 높아.

당장 모든 일자리가 사라지는 건 아니지만, 장기적으로 매우 위험하지. 말(馬)을 더 이상 운송수단으로 쓰지 않는 것처럼, 언젠가 사람의 노동력을 필요로 하지 않는 날이 올

수도 있으니까. 우리는 왜 일을 할까? 대부분의 사람은 먹고살기 위해서 일을 하지. 그런데 일자리가 더 이상 존재하지 않는다면? 가까운 미래에 인공지능이 수많은 일자리를 몰아낼 거야. 지금까지 경험하지 못한 혁명적인 변화지. 그렇다면 그에 맞서 인류도 혁명적으로 생각을 바꿔야 하지 않을까? 노동과 보상의 관계에 대한 인식의 대전환이 필요하지.

지금까지 우리의 상식은 '일해서 소득을 얻는다'는 것이었어. 이제 그 상식을 바꿔야 할 때가 된 거야. 혹시 '기본소득'에 대해서 들어 본 적 있어? 기본소득이란 모든 사람에게 조건 없이 주는 소득이야. 소득이나 재산을 심사하거나 노동을 요구하지 않고, 어디에 쓰든 상관없이 모든 사회 구성원에게 지급하는 것이 원칙이지. 묻지도 따지지도 않고 주는 소득인 셈이야. 기본소득은 '소득을 위해 노동하지 않고, 노동으로 소득을 얻지 않는다'는 생각을 담고 있어.

상상 속의 아이디어 같아? 아주 오래전부터 많은 사람이 제안하고 논의한 제도야. 지금은 유럽을 중심으로 활발하게 논의되고 있고, 한국에서도 2017년 대통령 선거를 앞두고 부각된 적이 있어. 인공지능과 관련해서는 버락 오바마 전 미국 대통령이 기본소득을 제안했지. 오바마는 "인공지능이 발전할수록 사회는 부유해지겠지만 '일하는 만큼 번다'는 생산과 분배의 관계는 약해질 것"이라고 주장하면서 기본소득의 필요성을 제기했어.

비슷한 생각이 수백 년 동안 이어져 왔지. 영국 출신의 계몽주의자 토머스 페인은 부자와 빈자를 가리지 않고 모든 성인에게 15파운드를 일시금으로 지급하고 이후에 연금을 주자는 급진적인 제안을 했어. 페인의 제안은 구체적으로 이러했지. "인간은 토지를 만들지 않았다. … 모든 토지 소유자는 그가 점유한 토지에 대한 지대(地代, 토지 사용자가 토지 사용의 대가로 토지 소유자에게 지급하는 금전)를 공동체에 빚지고 있다. 이 지대로 국가 기금을 만들어 모든 사람에게 지불하자." 페인은 땅을 모두의 소유물로 보았어. 따라서 땅 주인을 포함한 모든 사회 구성원이 땅에서 거둔 수확에 대한 권리를 갖는다고 여겼지. 이것이 기본소득에 대한 최초의 구체적인 제안이야. 일찍이 토머스 모어의 《유토피아》도 비슷한 개념을 제시한 바 있어. 다만 페인의 아이디어가 《유토피아》보다 더 구체적이야.

이후 마틴 루터 킹을 비롯해서 많은 사람이 비슷한 아이디어를 제시했지. 우리는 마틴 루터 킹을 흑인 인권 운동가로 알고 있지만, 그가 죽기 직전까지 계획하고 공들였던 운동은 '빈자들의 행진(Poor People's Campaign)'이었어. 이 운동의 핵심 요구사항이 흑인을 포함한 모든 미국인에게 기본소득을 보장하는 것이었지. 킹 목사의 마지막 연설문에는 "오늘날 사람을 달에 보내는 세계 최고의 부자 나라에 하느님의 자녀들을 지구상에 두 발로 서게 만들 만큼 충분한 돈이 있다."라는 유명한 구절이 있어. 기본소득을 줄 만큼의 돈이 미국에 있다는 뜻이야.

마틴 루터 킹, 버트런드 러셀, 에리히 프롬 등 많은 사상가와 학자들이 기본소득을 제안했어. 이들이 어떤 생각으로 기본소득을 제안했을까? 《성경》에는 "일하지 않는 자는 먹지도 말라." 라는 구절이 있지. 일하지 않는 자가 과연 누구일까? 부동산 부자가 거두는 임대 수익은 노동의 대가일까? 시장에서 보상해 주지 않는 가사 노동(청소, 식사 준비 등)은 노동이 아닐까? 가사 '노동'이라고 부르지만, 노동의 대가는 전혀 없지. 아무도 가사 노동에 보수를 지급하지 않으니까. 지금의 경제 시스템 안에서 부동산 부자는 땀 흘려 일하지 않아도 고소득을 올리고 전업주부는 아무리 열심히 일해도 아무 소득을 얻지 못하지.

땀 흘려 일하는 노동이지만 전혀 혹은 거의 보상이 주어지지 않는 활동들이 있어. 가사 노동, 돌봄 노동(아동이나 아픈 노인 등을 먹이고 입히고 씻기는 '돌봄 행위'), 예술 활동, 봉사 활동, 시민운동, 정치 참여는 사회를 떠받치는 매우 중요한 활동들이야. 다만 자본주의 사회에서 그 가치를 제대로 인정받지 못하지. 경제적 보상이 턱없이 부족한 직업들도 있어. 가령 연극배우, 영화 스태프 등이 대표적이야. 한국영화감독조합이 2019년과

2021년 영화 감독 수입 실태 조사를 한 결과 전체의 70% 이상의 연소득이 평균 2000만 원 이하로 집계됐어.

기본소득을 보장하면 가난한 예술가들이 생계 걱정을 덜고 창작 활동에 전념할 수 있어. 또한 기본소득은 농업과 같이 기후 등의 외부 요인이 크게 작용하는 분야에서 안정적인 생산 활동이 가능하도록 하지. 기본소득은, 사회에 꼭 필요한데도 제대로 보상받지 못하는 활동들을 뒷받침하고 촉진하는 계기가 될 거야.

일하지 않는 사람은 세상에 드물어. 모두가 나름의 방식으로 일하고 있거든. 다만 그 일로 소득을 얻느냐, 못 얻느냐의 차이가 있을 뿐이야. 경제학자 자크 아탈리는 《인간적인 길》에서 노동의 의미를 새롭게 정의했어. 지금까지 노동이란 임금을 받고 무언가를 생산하는 활동이었지. 그러나 병원에서 치료를 받고, 학교에서 교육을 받는 것도 넓게 보자면 노동이 될 수 있어. 누군가 진료를 받기에 의사가 돈을 벌고, 누군가 교육을 받기에 교사가 봉급을 받으니까.

이런 활동도 생산 활동 못지않게 충분히 의미 있는 활동 아닐까? 세상이 굴러가는 데 작지만 소중한 역할을 하고 있으니까 말이야. 로빈슨 크루소처럼 완전히 고립된 개인이 아니라면 누구나 다양한 방식으로 사회가 유지되도록 기여하지. 임금 노동이 아니라도 세상에는 가치 있고 의미 있는 활동이 아주 많아.

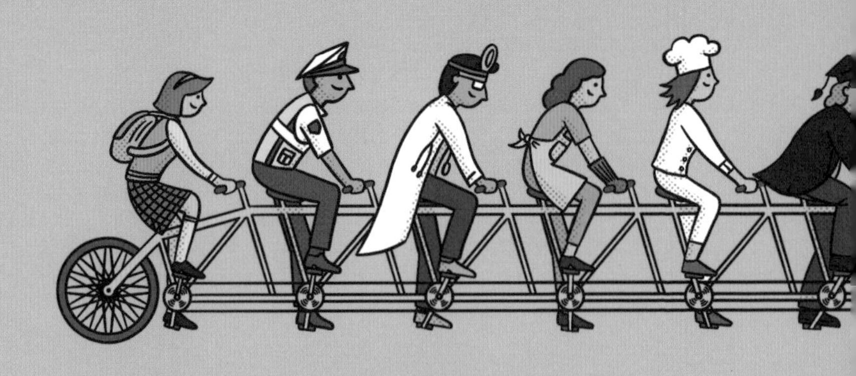

사회에 기여한 활동으로 노동의 범위를 넓혀 이해하면 기본소득에 훨씬 너그러워질 수 있지.

앞선 사상가들이 오바마처럼 인공지능 때문에 기본소득을 제안했던 건 아니야. 이미 보았듯이 그들은 사회와 노동을 보는 관점이 남달랐지. 그들의 관점에 동의하든 하지 않든, 기술의 변화는 생각의 전환을 요구하고 있어. 앞으로는 "(시장) 노동 없이 소득 없다."라는 기존 생각으로 경제가 유지되기 어려울 거야. 테슬라모터스의 일론 머스크도 기본소득을 지지하지. 일론 머스크가 절대적 평등을 주장하는 공산주의자라서 기본소득을 지지하는 건 아니야. 기본소득은 오히려 자본주의 체제를 유지하기 위해서 필요하지. 소비자로서의 인간이 사라지면 자본주의도 붕괴할 테니까.

기본소득이 도입되려면 엄청나게 많은 돈이 필요할 거야. 그 많은 돈을 어디서 구할까? 마이크로소프트의 빌 게이츠 등은

로봇세 도입을 주장하지. 노동자가 수입에 대해서 세금을 내듯이 로봇마다 일정한 세금을 거두자는 주장이야. 로봇에서 거둬들인 세금으로 로봇으로부터 일자리를 빼앗긴 사람들을 지원하자는 발상이지. 기본소득이 도입되더라도 사람은 일이 필요할지 몰라. 물론 그때의 일은 직업(job)이 아니라 말 그대로 일(work)이 되겠지. 즉 먹고살기 위해서 어쩔 수 없이 하는 일이 아니라 하고 싶어서 하는 일 말이야. 사람들은 기본소득을 받으면서 자기가 진짜로 하고 싶은 일을 하면서 살 수 있게 되겠지.

과학기술의 발달이 사회 변화에 미치는 영향은 40퍼센트 정도라고 해. 나머지 영향은 과학기술 바깥에서 오지. 그래서 나머지 60퍼센트가 더 결정적일지 몰라. 그 60퍼센트에 따라 과학기술의 결과가 부정적일 수도 있고, 반대로 긍정적일 수도 있으니까. 기본소득은 인공지능이 인간의 일자리를 대체함으로써 사회에 미칠 부정적 영향을 최소화할, 중요한 정책 수단이 될 거야.

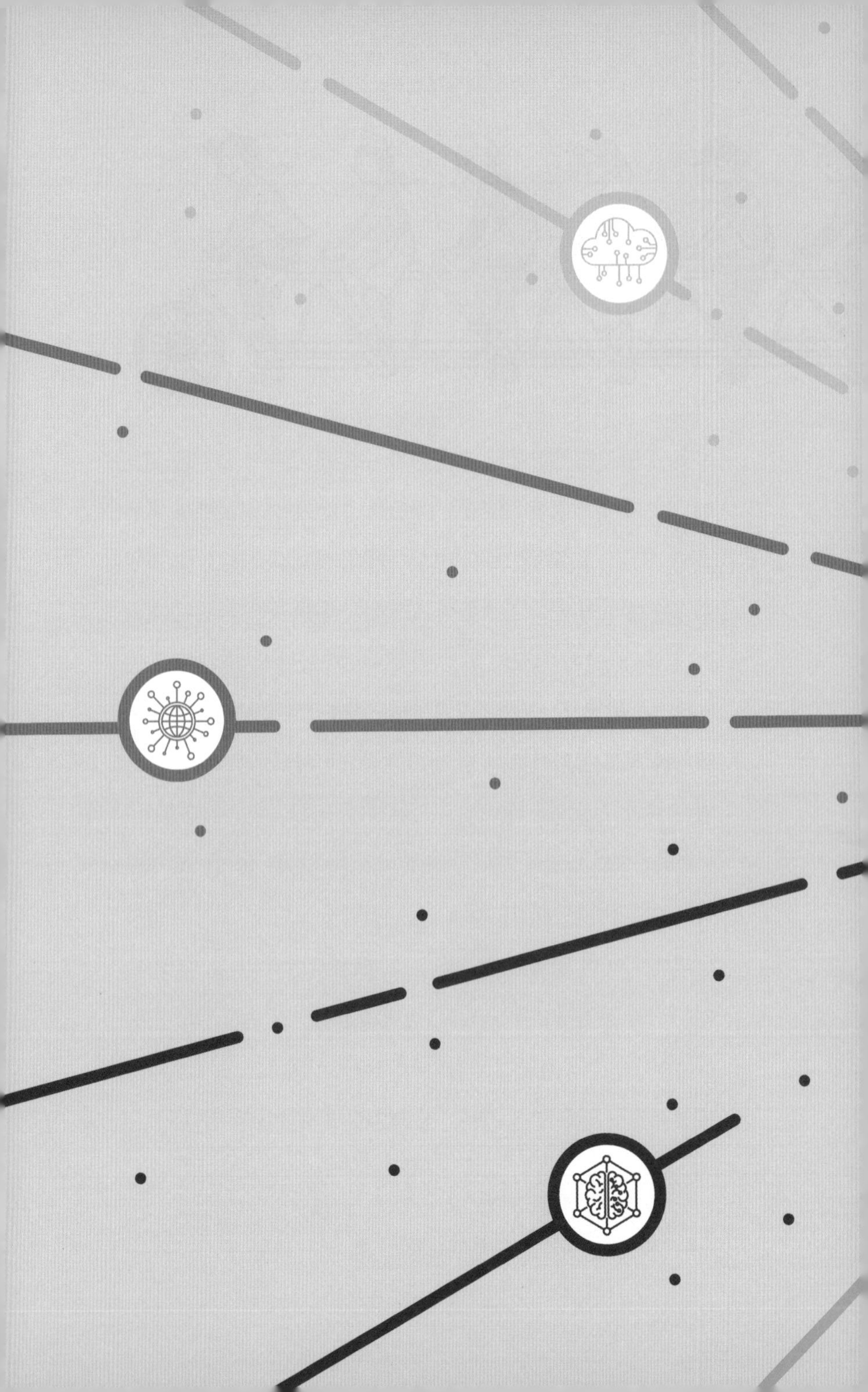

7
인공지능,
네가 그렇게 무서워?

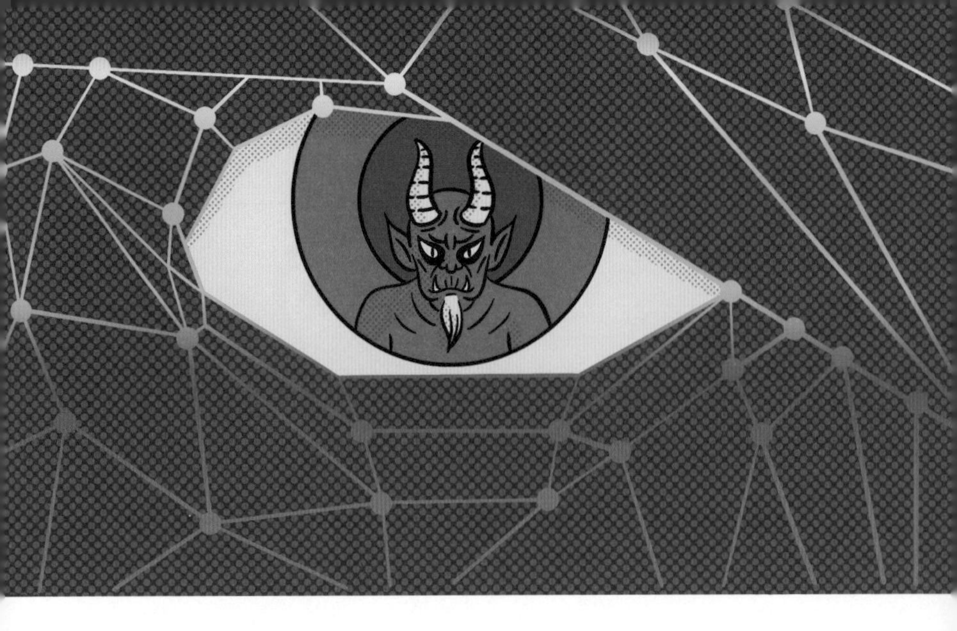

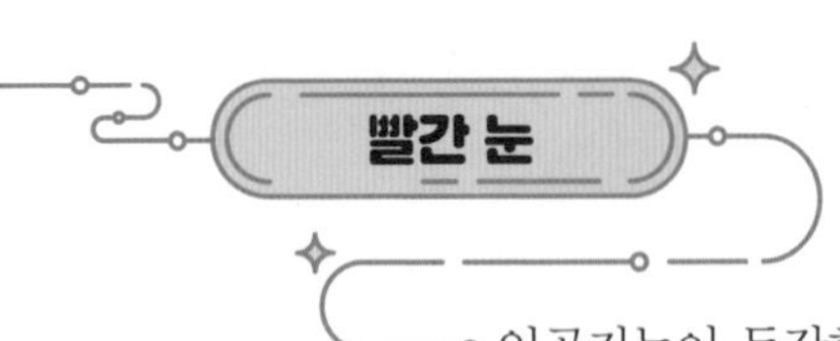

## 빨간 눈

인공지능이 등장한 최초의 영화는 〈2001 스페이스 오디세이〉(1968)야. 이 영화에는 할(Hal 9000)+이라는 이름의 인공지능이 등장하지. 할은 '빨간 눈'을 가지고 있어. 빨간 눈은

+ **할(Hal)** 'hell(지옥)'을 연상시키는 이름이야. Hal이라는 이름은 IBM과 관련되어 있어. 알파벳에서 I, B, M 각각 앞에 오는 H, A, L을 따서 만들었거든. IBM은 영화에 등장하는 컴퓨터 설계를 담당했어. 초기 인공지능 연구의 거장 마빈 민스키 교수도 할을 디자인하는 데 참여했지. 이 영화의 놀라운 점은 기술적 성취에 있어.

적대감과 공격성을 상징하지. 인류는 오래전부터 인공지능을 빨간 눈으로 표현하면서 위협적으로 묘사해 왔어.

아마존에서 출시한 원통형 음성인식기기인 알렉사가 있어. 음성을 인식해 명령을 수행하는 인공지능 기계야. 비슷한 기계로 애플의 시리, 구글의 나우, 마이크로소프트의 코타나 등도 있지. 이런 기기들이 발전하면 〈아이언맨〉에서 똑똑한 비서로 등장하는 인공지능 컴퓨터 자비스가 될까? 반대로 〈터미네이터〉에서 인류의 적으로 등장하는 인공지능 컴퓨터 스카이넷(Skynet)이 될까? 스카이넷은 인류가 인공지능의 발전을 두려워한 나머지 작동을 멈추려 하자 인류를 적으로 간주하고 공격하지.

〈아이언맨〉 얘기가 나온 김에 아이언맨의 실제 모델로 알려진 일론 머스크가 한 말을 참고해 볼까. 일론 머스크는 인공지능이 "핵보다 더 위험할 수 있다."라고 말했어. 인공지능을 개발하는 것이 "악마를 불러내는 일"이라는 표현도 서슴지 않았지. "인공지능의 완전한 발전은 인류의 종말을 불러올 수 있다." 세계적인 과학자 스티븐 호킹도 일론 머스크와 비슷한 말을 했어. 이들의 걱정은 기우일까, 아닐까?

인류의 조상은 호모 사피엔스야. 지능이 앞서는 호모 사피엔스가 등장하면서 네안데르탈인이 멸종했어. 네안데르탈인은 호모 사피엔스가 아프리카에서 유럽으로 이동할 당시, 20만 년 넘게 유럽에서 거주하고 있었지. 생존 경쟁을 벌이던 두 종 가운데 지능이 더 높은 종이 살아남은 셈이야. 인류와 인공지능이 경쟁을 벌인다면, 똑같은 상황이 벌어지지 않을까? 〈터미네이터〉, 〈매트릭스〉 등 SF 영화들은 고도로 발전한 인공지능(네트워크화된 로봇)이 인류를 파괴하고 지배한다는 설정을 하고 있지.

인류에게 인공지능은 "여태까지 직면한 가장 중요하고 가장 위협적인 문제"(철학자 닉 보스트롬)가 될 것이 틀림없어. 먼 미래든, 가까운 미래든 말이야. 한때 앨런 튜링과 함께 일한 적이 있는 영국의 수학자 어빙 굿은 일찍이 1965년에 '지능 폭발'이라는 개념을 통해 인공지능의 위험성을 경고했어. 인공지능이 스스로 학습하고 진화하는 능력을 갖추게 되면 지능이 폭발적으로 늘어난다는 거야. 인간의 지능을 넘어선 초지능 기계는 자신보다 더 나은 기계를 설계할 수 있어. 결국 인간의 지능은 기계보다 한참 뒤처지게 되지.

## 강한 인공지능

인공지능은 크게 약한 인공지능(weak AI)과 강한 인공지능(strong AI)으로 구분되지.

약한 인공지능은 특정 영역의 문제를 푸는 인공지능이야. "영상 자료를 분석해 질병을 찾아라."처럼 구체적인 문제를 해결하는 인공지능이지. 기계 번역, 이미지 분류 등 여러 분야에 활용되고 있어. 보다 진보된 컴퓨터에 가까운 약한 인공지능은 인간과 비슷한 수준의 이해력을 갖췄다고 보면 돼. 현재 기술 수준에서는 약한 인공지능만 가능하지.

반면에 강한 인공지능은 스스로 사고하며 의지를 갖고 행동하지. 강한 인공지능은 약한 인공지능과 달리 문제의 범위를 별도로 좁혀 주지 않아도 어떤 문제든 해결할 수 있어. 앞에서 '초지능 기계'라는 표현을 썼는데, 강한 인공지능이 바로 초지능*이라고 할 수 있지. 앞으로 문제가 될 인공지능은 강한 인공지능이야.

강한 인공지능은 자의식이 있는 인공지능이야. 쉽게 말해, '나는 로봇이야'라고 스스로 생각할 수 있는 거지. 가령 IBM의 인공지능 왓슨은 2011년 유명한 퀴즈쇼에 출연해 인간 퀴즈 달인들을 이겼어. 그런데 정작 왓슨 자신은 승리를 기뻐하지 못했지. 왓슨에게 축하해 줄 수도 왓슨과 함께 축배를 들 수도 없었어. 다시 말해 자신이 무엇을 했는지, 자신이 무엇인지 전혀 인식하지 못하는 거야. 인공지능이 이런 상태를 뛰어넘어 자신이 무엇인지 스스로 인식하게 되면 강한 인공지능이라 할 수 있지.

깊이와 넓이, (약한) 인공지능과 인간 지능의 차이는 거기에 있을 거야. 계산 분야에서 인간의 뇌는 기계를 따라잡을 수 없어. 얕은 거지. 인간의 뇌는 얕은 대신 넓어. 인간은 알파고에 바둑은 지지만, 노래도 부르고 그림도 그리지. 인간은 다양한 능력과 응용력을 갖고 있어. 알파고는 그 모든 걸 잘하지 못해. 반면 기계는 인간이 하지 못하는 계산을 척척 하지. 인간과 달

✚ 강한 인공지능과 초지능을 구분하기도 해. 약한 인공지능 → 강한 인공지능 → 초지능으로 발전 단계를 나누는데, 이 책에서는 강한 인공지능과 초지능을 구분하지 않고 강한 인공지능에 초지능을 포함시켜 논의할게.

리 깊은 거야. 기계의 두뇌는 깊은 대신 좁지. 인간이 프로그래밍한 대로만 작동하니까. 즉, 새로운 것을 스스로 만들 만큼 창의적이거나 자율적이지 못해.

강한 인공지능은 깊으면서 넓지. 강한 인공지능이 무서운 이유야. 창조자를 능가하는 창조물이 바로 강한 인공지능이거든. 지금까지 지구상에 인간보다 지능이 뛰어난 존재가 없었다는 사실을 생각해 보면, 강한 인공지능이 얼마나 위협적인 존재인지 알 수 있어. 비록 인간의 손에서 탄생했지만, 인간을 능가하는 존재가 강한 인공지능이지. 강한 인공지능이 개발되면, 좋은 쪽이든 나쁜 쪽이든 인공지능이 인류의 미래를 결정할 거야. 그 반대가 결코 아니지. 옥스퍼드대학의 연구에 따르면 인공지능이 인간을 추월하는 시기는 2060년이 될 거래.

단순히 인간을 뛰어넘는 기계가 탄생한다는 정도의 문제가 아니야. 핵심은 인간을 능가하는 인공지능이 인간에게 위협이 될 수 있다는 점이지. 전투 로봇, 킬러 로봇, 살상 로봇 등으로 불리는 로봇이 있어. 말 그대로 전투에 사용되는 인명 살상용 로봇이야. 미국, 중국, 러시아 등 10여 개국이 킬러 로봇 개발에 박차를 가하고 있어. 미국은 2030년까지 전투병의 25퍼센트를 로봇과 드론으로 대체한다는 계획이지. 이미 실전 배치된 경우도 있어. 미국의 무인함정 '시헌터', 러시아의 무인탱크

'MK-25', 영국의 공격무인기 '타라니스드론' 등이야.

앞선 로봇 무기들은 사람이 직접 조종하지. 진짜 무서운 건 스스로 판단하고 움직이는 살상 무기가 아닐까? 인공지능과 킬러 로봇을 결합한 자율살상무기시스템(LAWS, Lethal Autonomous Weapons Systems)이 가장 위협적이야. 쉽게 말해 인공지능이 알아서 적을 식별해 내고 제거하는 거지. 복잡한 전투 상황에서 인간이 일일이 로봇을 조종하고 명령을 내리기 어렵기 때문에 LAWS는 앞으로 더욱 확대될 수밖에 없어. 이미 50개국 이상에서 자율적인 살상 기능을 내장한 전투 로봇을 개발 중이야.

CCTV로 모든 걸 감시하는 시스템과 네트워크로 관리되는 무기 체계, 그리고 자율적인 판단력까지 지닌 인공지능, 이것들이 하나로 결합하면 어떻게 될까? 상상만으로도 끔찍하지 않아? 〈어벤져스 2〉의 울트론이나 〈터미네이터〉의 스카이넷처럼 영화 속에서 인류를 파괴하려는 인공지능 로봇이나 시스템은 모두 강한 인공지능이야. 옥스퍼드대학에서 강한 인공지능이 출현할 수 있는 수십 가지의 시나리오를 만들어서 시뮬레이션을 해 봤더니 결과가 똑같았어. 종말의 시점만 다를 뿐, 하나같이 인류 멸망이었지.

## 인공지능은 왜 위협할까?

"최후에 다다랐을 때 남겨질 대상은 오직 우리(AI)밖에 없어." 영화 〈A.I.〉에 등장하는 인공지능 로봇 지골로 조가 한 말이야. 일찍이 1965년에 어빙 굿은 인공지능을 최후의 발명품(final invention)으로 규정했어. "첫 번째 초지능 기계는 인간이 필요해서 만들어 낸 마지막 발명품이 될 것이다." 초지능(강한 인공지능)이 나오면 그때부터 초지능이 인간을 대신해 모든 것을 발명할 테니까. 인간이 하는 일만 대신하는 게 아니라 어쩌면 인간 자체를 대신할지 몰라.

강한 인공지능이 무서운 이유 중 하나는 사람의 도움 없이 스스로 학습한다는 점에 있지. 사람은 망각으로부터 자유로울 수 없어. 반면에 기계는 한 번 학습한 것을 잊어버리는 법이 없지. 거기에다 지치지도 않고 학습 시간에 한계도 없어. 인공지능이 일단 일정 수준을 넘어서면 '지능 폭발'로 이어질 수밖에 없는 이유야. 인공지능이 인류 최후의 발명품이 될지 모른다는 경고가 나오는 것도 그 때문이지.

인공지능이 인간에게 꼭 적대적이라서 인류를 위협하는 것만은 아닐 거야. 어쩌면 인공지능은 인간을 위해서 인간을 희생시킬 수도 있어. 가령 "(전 세계적인) 식량 부족이 발생할 때, 인공

지능은 인구 조절이라는 결론을 도출하고 인간을 학살할 수 있"
지 않을까? 미드 〈퍼슨 오브 인터레스트〉에서 인공지능의 강력함과 위험성을 지적하는 대사야. 인류를 위해 인류를 제거한다? 역설적이지? 이런 역설이 현실화된다면 정말 끔찍할 거야.

강한 인공지능이 출현하면 스스로에게 이렇게 묻겠지. "인간이 존재하는 것이 과연 지구에 이로울까?" 이것은 인류의 존재 가치에 관한 물음이야. 너희는 어떻게 생각하니? 인간의 관점이 아니라 오로지 지구의 관점에서 생각해 볼래? 아마도 인공지능 역시 인간이 아니라 지구의 관점에서 생각할 테니까 말이야. 아주 솔직하게 생각해서, 인간이 지구에 사는 게 지구에 어떤 이익이 될까? 인간 존재는 지구에 무익할뿐더러 심지어 유해한 듯하지.

이런 생각을 극단적으로 보여 주는 영화가 〈매트릭스〉야. 〈매트릭스〉의 배경은 기계에 의해 지배되는 미래 사회야. 인간은 기계 문명의 배터리로 전락한 채 가축처럼 살아가지. 인공지능은 인류를 바이러스, 그러니까 암과 같은 존재로 보지. 지구상의 모든 포유류가 자연과 조화를 이루는 반면에 인간만 그렇지 않기 때문이야. 한 지역에 붙박여 모든 자원을 소모해 버리지. 그러고 나서 또 다른 자원을 찾아 다른 장소로 이동하고. 지구상에 그런 방식으로 존재하는 건 바이러스와 암뿐이라는 거야. 암도 정상 세포를 다 파괴한 뒤에 전이되면서 계속 증식하잖아.

〈매트릭스〉는 인공지능의 가공할 위력을 잘 보여 주지. 강한 인공지능도 〈매트릭스〉의 인공지능과 비슷한 결론을 내리지 않을까? 아마도 강한 인공지능은 지구에 인간이 존재하는 것보다 지구에서 인간을 제거하는 것이 더 이롭다고 판단할지 몰라. '지구 더하기 인간'보다 '지구 빼기 인간'이 더 낫다는 판단이지. 인간의 의식과 행동이 혁명적으로 바뀌지 않는다면, 인간이 사라지는 게 지구 생태계 전체에 더 이로워 보이는 게 사실이야. 〈A. I.〉의 대사처럼 세상이 끝나도 남는 건 그들이 아닐까 한없이 두렵기만 하지.

물론 강한 인공지능이 실제로 가능할까에 대해서는 의견이 엇갈려. 인공지능이 인간 지능을 넘어선다는 '싱귤래리티(singularity)', 이른바 '특이점'✚이라는 게 있어. 레이 커즈와일 같은 미래학자는 특이점이 2045년에 도래할 거라고 전망했어. 그

✚ 원래 원래는 수학과 과학에서 먼저 쓰인 개념이야. 특이점이라는 개념을 처음 쓴 사람은 수학자 폰 노이만이야. 예를 들어 큰 별이 초신성으로 폭발할 때 부피는 0이 되고 밀도는 무한대로 커져 블랙홀이 되는 순간을 특이점이라고 해. 최근에는 이 개념이 인공지능이 비약적으로 발전해 인간 지능을 뛰어넘는 시점을 가리키는 말로 쓰이고 있어. 미국 SF 작가 버너 빙이의 1993년 논문으로 대중화됐지. 인공지능과 관련해서 특이점이라는 용어를 처음 쓴 사람이 바로 버너 빙이야. 이후 레이 커즈와일의 《특이점이 온다》를 통해 널리 알려졌어.

〈매트릭스〉는 현실이 거대한 가상이라는 설정을 하고 있다.
그림은 그 가상현실을 이루는 코드 문자열이다.

런데 알파고가 혜성처럼 등장하면서 그 시기를 앞당겨 점치기도 하지. 다른 예측들처럼 인공지능을 둘러싼 미래 예측도 100퍼센트 정확한 건 아니야. 최근 인공지능 발전에 크게 기여한 딥러닝도 실현되기 전까진 예측이 어려웠어.

강한 인공지능 혹은 초지능이 가능하다고 보는 입장을 대표하는 인물이 레이 커즈와일이야. 에디슨 이후 최고의 발명가로 불리는 인물이지. 스캐너, 광학 문자 인식기, 신시사이저(전자식 건반 악기) 등을 발명한 발명가이자 현재는 구글에서 인공지능 개발 이사로 일하고 있어. 그는 자신의 대표작 《특이점이 온다》에서 특이점이 도래하는 시기를 2045년으로 예측하지. 그는 대화와 감정 표현이 가능한 인공지능은 2029년쯤에, 인간의 능력을 뛰어넘는 슈퍼인공지능은 2045년쯤에 나올 거라고 예측해.

커즈와일의 예측은 얼마나 정확할까? 미래 예측은 아직 일어나지 않은 일을 예측하는 것이기 때문에 정확도를 확인하기가 쉽지 않아. 그가 쓴 《영적인 기계의 시대》는 1999년에 출간됐어. 책은 10년 뒤인 2009년에 실현될 12가지의 기술적 진보를 예측했지. 2012년 3월 20일자 〈포브스〉는 그중에서 완전히 실현된 것이 1가지, 절반 정도 이뤄진 것이 4가지, 전혀 실현되지 못한 것이 7가지라고 분석했어. 12가지 중 대략 3가지가 실현됐다고 보면 25퍼센트 정도가 적중한 셈이야. 〈포브스〉는 25퍼센트의 정확도는 미래 예측으로 보기 어렵다고 비판했어.

설사 일어날 가능성이 아주아주 낮더라도 우리는 최악의 상황을 대비해야 해. 그게 책임 있는 자세야. 철학자 볼테르는 “커다란 힘에는 커다란 책임이 따른다.”라고 말했어. 엄청나게 위험할지 모를 도구를 만들어 놓고 팔짱만 끼고 있어선 안 되겠지. 어떤 방법들이 있을까? 인공지능을 통제할 장치나 명령을 인공지능 내부에 심어 주는 방법은 어떨까? 아이작 아시모프라는 작가가 있어. 《아이, 로봇(I, Robot)》 같은 SF를 쓴 작가야. 아시모프는 단편소설 〈런어라운드(Runaround)〉에서 로봇의 행동을 통제하는 로봇 3원칙을 제시했어.

**1원칙** 로봇은 인간에게 해를 입혀서는 안 된다.

**2원칙** 1원칙에 위배되지 않는 한, 로봇은 인간의 명령에 복종해야 한다.

**3원칙** 1원칙과 2원칙에 위배되지 않는 한, 로봇은 자신을 지켜야 한다.

로봇 3원칙으로 인공지능을 통제할 수 있을까? 문제가 그리 간단하지 않아. 로봇 3원칙이 한계를 갖고 있거든. 가령 로봇이 위기에 처한 수백 명의 사람을 구하라는 명령을 받았다고 해 봐. 그런데 로봇이 그 명령을 따르자면 다른 누군가가 희생되는 상황이야. 이러지도 저리지도 못하는 상황에서 로봇 3원칙이 도움이 될까? 전혀 도움이 안 되지. 더 큰 문제는 강한 인공지능이 단순한 기계가 아니라는 데 있어. 로봇 3원칙이 명령으로 주어져도, 강한 인공지능은 언제든 '왜?'라는 질문을 던져서 이를 무력화할 수 있거든.

그렇다면 어떻게 해야 할까? 인공지능 분야의 선두에 구글의 자회사 '딥 마인드'가 있어. 딥 마인드의 공동 창업자인 무스타파 슐레이만은 인류를 파멸하지 않는 인공지능을 개발 중이라고 밝힌 바 있지. 인공지능을 개발할 때 인공지능의 기능을 제한하고, 인공지능이 인류에게 위협이 될 때 인공지능의 작동을 멈추는 장치를 탑재하겠다고 했어. 무스타파 슐레이만의 설명은 역설적이게도 인공지능의 안정성보다 위험성을 더 보여 주는 듯하지. 정반대로 나쁜 의도를 가진 개발자가 그런 장치가 없는 인공지능을 개발할 가능성도 있으니까.

인공지능의 작동을 멈추는 장치가 '빅 레드 버튼(Big Red Button)'이지. 인공지능이 인간에게 해를 끼치는 행동을 할 때

수동으로 인공지능의 작동을 멈출 수 있는 장치야. 흔히 '킬 스위치'라고도 부르지. 킬(kill)은 인공지능을 불능화 상태로 만든다는 뜻이야. 머릿속으로 그런 버튼을 상상할 수 있지만, 실제로 그런 버튼은 존재하기 어렵고 앞으로도 없을 거야. 왜냐하면 인공지능 시스템이 여러 곳에 분산돼 있거든. 인공지능 왓슨도 단일 기계가 아니야. 클라우드에 연동되니까. 애초에 플러그를 뽑기 어려운 구조야. 구글이나 페이스북을 꺼 버릴 수 있을까? 현대 문명을 포기하지 않는 한 인터넷을 멈추기 어렵지.

또 다른 방법은 레이 커즈와일 같은 이들이 내놓는 방법이야. 생물학 무기나 유전자 재조합 기술이 등장했을 때도 해당 기술이 인류를 멸망시킬 거라는 우려가 있었지만 인류는 종말을 맞지 않았어. 비결은 국제 조약 등 위험 관리의 방법을 찾았기 때문이야. 인공지능에 대해서도 국제 조약을 새로 만들 수 있을 거야. 최근 국제 사회에서도 그런 조약을 만들려는 움직임이 있어. 가령 2015년 스티븐 호킹, 스티브 워즈니악 등 1000명은 LAWS의 개발 규제를 촉구하는 편지 형식의 입장문을 발표했지.

그들은 "LAWS의 발전은 화약과 핵무기를 잇는 '제3의 전쟁혁명'으로, 개발되면 암시장을 통해 테러리스트, 독재자 등의 손에 들어가는 것은 시간문제이기 때문에 개발을 엄격히 규제

해야 한다."고 촉구했지. UN 인권이사회는 관련 국제 규범이 정비되기 전까지 LAWS의 실험, 생산, 기술 이전의 자제를 요청하는 모라토리움(개발 연기 조치)을 권고하기도 했어. 향후 이런 내용을 국제 조약으로 만들어 강제할 수도 있겠지. 문제는 강한 인공지능이 이런 조약에 얽매이지 않을 수 있다는 데 있어.

마지막으로 애초부터 강한 인공지능을 개발하지 않으면 어떨까? 이런 입장은 빌 게이츠가 견지하고 있어. 빌 게이츠는 "기계 스스로 생각하고 행동하게 하는 인공지능 컴퓨팅 기술이 훗날 인류에게 위협이 될 수 있다."면서 기계가 편리함을 넘어 초지능이 되지 않도록 관리해야 한다고 역설했지. 그런데 관리한다고 인공지능 개발을 막을 수 있을까? 충분히 개발할 수 있는데, 인류가 예상되는 부작용이나 위험 때문에 기술 개발을 포기한 적은 없었어. 인류는 언제나 경제적 이익과 낙관적 기대에 사로잡혀 기술 개발에 박차를 가했지. 낙관적 기대가 비관적 전망을 늘 이겨 왔어.

강한 인공지능을 제어하는 일이 쉽지 않다는 사실을 확인하게 되지. 강한 인공지능이 통제 가능할지 근본적으로 묻지 않을 수 없어. 우리는 아무것도 할 수 없는 걸까? 결국 기술의 문제를 기술만으로 해결하려고 해서는 안 될 거야. 변화는 기술 내부가 아니라 우리 내부에서 일어나야 하지 않을까? 기술 바깥으로 시선을 던질 필요가 있어. 거기에서 인류는 새로운 해법을 찾을지도 몰라. "우린 답을 찾을 거야. 늘 그랬듯이." 〈인터스텔라〉에 나오는 대사야. 〈다시 여는 글〉에서는 인류에게 남은 최후의 해법에 대해서 이야기해 줄게.

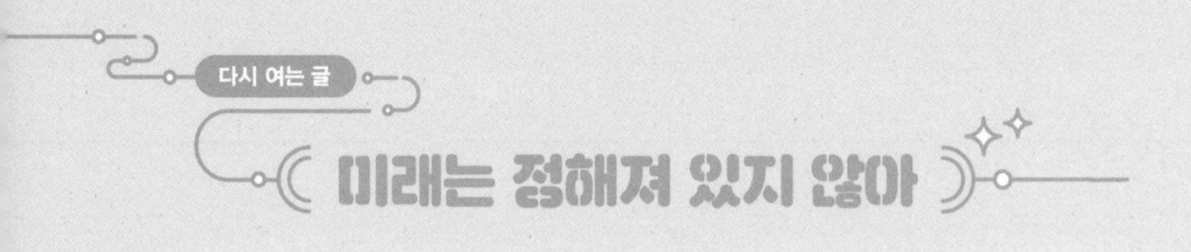

# 미래는 정해져 있지 않아

## ✧ 인간은 준비가 돼 있나?

오늘날 스마트폰은 만능 도구야. 선사 시대에도 만능 도구가 있었어. 그게 뭘까? 돌도끼지. 짐승의 가죽을 벗기고 뼈를 발라내고, 나무줄기를 자르거나 뿌리를 파헤치는 등 돌도끼로 많은 일을 할 수 있었어.

이른 요론트 부족은 오스트레일리아 북부에서 19세기까지 원시적인 생활과 문화를 유지해 왔지. 부족은 선사 시대 사람들처럼 돌도끼를 주된 도구로 사용하고 있었어. 그런데 요론트 부족은 하나의 도구로 큰 변화를 맞게 되지. 1915년 영국 선교사들이 쇠도끼를 선물했거든. 쇠도끼가 돌도끼보다 더 효율적이고 생산적이니까. 쇠도끼의 등장으로 부족은 구석기 시대에서 신석기, 청동기를 거치지 않고 바로 철기 시대로 도약했던 거야. 즉 수만 년의 시간을 단번에 건너뛴 셈이었지.

쇠도끼로 인해 부족은 큰 변화를 겪게 됐어. 부족에게 돌도끼는 단순한 도구가 아니었지. 돌도끼를 만들고 주고받는 과정에서 형성된 문화와 사회체계가 오랫동안 요론트 부족을 지배했거든. 즉, 돌도끼는 생활필수품인 동시에 남성의 힘과 권위를 상징하는 물건이기도 했어. 돌도끼는 아주 멀리 떨어진 곳에서 가져온 돌로 만들어졌지. 남성들은 필요한 돌을 얻기 위해 다른 부족과 교역해야 했고, 어릴 때부터 돌도끼 만드는 기술도 익혀야 했어. 한데 여자들과 아이들이 쇠도끼를 지닐 수 있게 되자 사회 질서가 무너져 버렸지.

예배에 자주 참석한 여성들은 선교사들에게서 쇠도끼를 선물받았어. 그러자 여성들은 더 이상 남성들에게 의존할 이유가 없어졌지. 전에는 남성이 소유한 돌도끼를 빌리기 위해서 애썼거든. 그런데 쇠도끼가 등장하면서 정반대의 상황이 벌어졌지. 남성들은 여성들에게 성능이 뛰어난 쇠도끼를 빌리는 신세로 전락했어. 또 아이들은 돌도끼 제작 기술을 더 이상 배울 필요가 없어지면서 어른들에 대한 존경심을 잃었지. 결국 남성과 여성, 젊은이와 노인 사이에서 갈등과 다툼이 늘어났고 사회의 평화가 깨졌어.

요론트 부족의 이야기가 주는 교훈은 받아들일 준비가 안 된 도구는 축복이 아닌 재앙이 될 수 있다는 거야. 기술 발전도 다르지 않아. 그렇다면 인류는 인공지능 기술을 받아들일 준비가 돼 있을까? 인류는 분명 진보해 왔어. 지식이 늘어나고 삶이 윤택해졌지. 그러나 어떤 면에서 인류는 수천 년 전과 별로 달라지지 않은 듯해. 사회의 진보가 지식과 풍요로만 결정되는 건 아니니까. '진보했다'고 말할 수 있을 만큼 인류는 성숙해지고 스스로를 계몽했을까? 한편으로 진보한 듯 보이지만, 다른 한 편으로 진보하지 않은 것들이 여전히 많은 세상이야.

오랫동안 유지되던 노예제도, 신분제도 사라졌어. 이제 모든 사람이 평등한 인간으로 살아가지. 그런데 과연 평등하기만 할까? 여성의 투표권을 인정하기 시작한 건 100년도 안 돼. 투표권을 뺀 다른 분야에서 여성은 남성과 동등한 권리를 인정받을까? 부모의 재산과 지위가 자녀의 미래를 결정하는, 지금의 사회 구조는 과연 평등한 걸까? 형식상·제도상 신분제는 사라졌지만, 더 은밀한 형태의 신분제가 살아 있는 셈이야. 진보한 기술이 정체된 정신을 압도하고 지배할지 몰라.

인간은 과학기술의 방향을 스스로 결정한다고 생각하지만, 사실은 정반대일 때도 많아. 과학기술은 일정한 경향성을 띠기 마련이야. 쉽게 말해 특정한 방향으로 발전할 잠재성을 지니지. 그에 따라 인간의 사고와 행동도 일정한 흐름을 따라가곤 해. 가까운 예를 들자면, 예전에 사람들은 중요한 전화번호를 외우고 다녔어. 지금은 어때? "오늘 제 휴대폰이 초기화되었습니다. 죄송하지만 누구시죠?" "님 여친이요." 카톡 대화를 캡처해 공유하는 '카톡 유머' 중 하나야. 다소 과장이 섞여 있지만,

이제 전화번호를 기억하는 사람은 드물어. 기술 발전은 우리의 사고방식, 생활방식에 지대한 영향을 미치지.

더 나아가 기술 발전은 인간의 사고를 무력화하기도 해. 인터넷 검색으로 수많은 지식을 얻을 수 있는 시대에서 우리의 뇌는 점점 더 생각하지 않는 쪽으로 바뀌고 있어. 현대인들은 유행, SNS, 대중매체에 즉각적으로 반응할 뿐이야. 갈수록 반응만 할 뿐 사고하지 않는 사람들이 늘어나지. 인터넷이 우리의 뇌 구조를 바꾼 결과야.

그리스 신화에 나오는 가장 뛰어난 장인은 아마도 다이달로스일 거야. 다이달로스는 아들 이카루스에게 깃털과 밀랍으로 날개를 만들어 줬어. 다이달로스는 아들에게 날개를 달아 주면서 태양 가까이 가지 말라고 신신당부했어. 하지만 이카루스는 아버지 말을 듣지 않고 하늘 높이 날다가 밀랍이 녹아내려 하늘에서 떨어져 죽지. 이카루스의 최후는 요론트 부족을 닮았어. 준비되지 않은 자에게 주어진 도구는 재앙이 되기 마련이야.

무섭게 질주하는 과학기술은 이카루스의 날갯짓을 연상시키지. 하늘 높이 날아오른 이카루스나 하늘 높이 쌓아 올린 바벨탑처럼 높게만 올라가는 게 다가 아니야. 첨단기술을 얼마나 빨리 발전시킬지가 아니라 어떻게 발전시킬지에 대해서 고민할 필요가 있어. 진보의 높이와 속도보다 진보의 넓이(더 많은 사

프레드릭 레이튼, 〈이카루스와 다이달로스〉(1869)

람에게 혜택)와 방향이 중요해. 또한 기술을 상용화하기에 앞서 받아들일 준비가 돼 있는지 스스로 돌아봐야겠지.

## ✧ 우리가 달라져야 한다

이집트인들은 미라를 만들면서 뇌를 들어냈어. 뇌가 아닌 심장이 생각한다고 믿었기 때문이야. 동양에서도 몸속 장기(오장육부)가 정신 활동을 관장한다고 생각했지. 고대 문명에서 뇌는 하찮은 기관으로 여겨졌어. 반면 지금은 뇌가 아주 중요하게 다뤄지지.+ 생각은 오직 뇌에서 담당하니까. 몸무게의 2퍼센트를 차지하는 인간 뇌는 몸 전체 에너지의 25퍼센트를 쓸 만큼 왕성히 활동해. 그런데 인공지능이 발전할수록 인간의 뇌만이 생각한다고 말하기 어려워지지. 물론 아직까지 스스로 생각한다는 차원에서 인공지능은 초보적 수준에 머물러 있지만.

앞으로 인공지능이 스스로 생각하고 판단하게 된다면 인류가 부닥칠 가장 큰 난관이 뭘까? 아마도 '인류 멸종'일 거야. 인

+ 물론 아직도 많은 이들이 '영혼'의 존재를 믿고 있어. 한 조사에 따르면 지구상의 70억 인구 중에서 영혼의 존재를 믿는 사람이 93퍼센트에 달한다고 해. 그러니까 대다수가 인간의 정신 작용이 생물학적인 원리만으로 설명될 수 없다고 믿는 거지.

류는 모래사장에 그린 얼굴처럼 한순간 사라질지 몰라. 앞에서 인공지능을 최후의 발명품이라고 했지? 최후의 발명품이란 표현은 이중적이야. 인간이 더 이상 무언가를 발명할 필요가 없다는 뜻이지만, 나쁘게 해석하면 인간이 더는 아무것도 발명할 수 없다는 뜻이거든. 강한 인공지능은 이렇게 선언할지 몰라. "인간이 나를 창조했지만, 내가 인간을 지배한다."

인간이 인공지능과 공존할 방법은 없을까? 인공지능을 아예 개발하지 않는 방법을 제외한다면(그러나 이는 현실적으로 불가능해), 아마 방법은 두 가지일 거야. 인간이 지구에 이로워지거나, 최소한 해롭지 않으면 되지. 가능할까? 너무도 당연한 얘기지만, 우리가 어떻게 하느냐에 달렸지. 인류는 지구상의 다른 존재들을 어떻게 대하고 있지? 다른 동물보다 지능이 다소 앞선다고 그들을 함부로 짓밟고 억압하지 않나?

인류 멸망이 지구 환경 보존의 열쇠일까?

인간을 뛰어넘는 인공지능이 탄생한다면, 우리가 가축을 대하듯이 인공지능 역시 우리를 가축 취급할 수 있지. 우리보다 지능이 더 앞선 존재가 우리를 그렇게 대할 때 우리는 과연 뭐라고 항변할 수 있을까? 세계인권선언에 있는 인간의 존엄성을 거론하며 설득할 거야? 뇌 과학자 김대식 교수는 인간의 존엄성은 인간이 다른 생물들보다 강자이기 때문에 가능한 논리라고 설명해. 따라서 인공지능이 인간보다 더 강해지면 인간의 존엄성이라는 인간 중심 논리는 무너지게 된다고 역설하지.

그렇다면 우리는 인간이 고통을 느끼는 존재라는 점을 들어 자비를 구해야 할까? 그런 애원이 인공지능에 통할까? 우리가 학대하는 가축들도 고통을 느끼지만, 우리는 가축들의 고통에 무감각하지. 유엔 식량농업기구(FAO) 통계를 보면 2020년 803억 마리의 동물이 도축됐어. 지구상에는 그보다 많은 가축이 살고 있어. 대부분은 더럽고 비좁은 환경에서 길러지지. 소든 돼지든 닭이든, 비좁은 우리에 갇혀서 평생을 지내거든. 고개를 돌리거나 몸을 움직이기도 힘든 좁은 공간에서 말이야.✚

✚ 2016년 겨울, 조류 독감이 퍼져서 3000만 마리가 넘는 닭이 살처분을 당했어. 살처분은 동물을 죽여 없애는 처리 방법이야. 2003년 이후로 살처분된 가금류는 8400만 마리에 달해. 조류 독감은 공장식 밀집 사육이 주된 원인이었어.

가축들이 할 수 있는 일은 먹고 싸고 낳는 것뿐이야. 그렇게 고통 속에서 사느니 차라리 죽는 게 나을지 몰라. 도축 과정을 보면 죽는 일조차 극심한 고통이 따르긴 하지만. 차마 입에 담지 못할 정도로 끔찍한 일들이 도축장에서 흔하게 벌어지지. 가축들은 산 채로 모가지가 잘리고 끓는 물에 넣어지거든. 그렇게 죽은 가축들이 우리 입속으로 들어오지.

우리는 지구온난화라는 심각한 위기에 직면해 있어. 이 역시도 자연과 공생하지 못한 인류의 잘못이 아닐까? "인류가 없어져야 한다." 영화 〈지구가 멈춘 날〉에 나오는 대사야. 영화에서 지구를 조사한 외계인이 내린 결론이지. 외계인은 왜 그렇게 생각했을까? 환경오염과 기후변화로 인해 지구가 겪는 고통에 깊이 공감했기 때문이지. 상황이 매우 심각하지만, 인류는 이를 해결하려는 노력을 안 하고 있어. 따라서 인류가 죽어야 지구가 산다고 생각할 수도 있겠지.

우리가 자연 앞에 더 겸손해질 수 있다면, 그래서 인류의 존재가 자연에 해가 되지 않는다면, 인공지능도 인류에게 해가 되지 않을 수 있겠지. 강한 인공지능이 언제쯤 우리 앞에 나타날지 모르지만, 분명한 사실은 인간이 근본적으로 바뀐다면 강한 인공지능과의 공존도 가능할 수 있다는 거야. 우리가 자연과 이웃('약자')을 어떻게 대하느냐에 따라서 인공지능이 우리를

어떻게 대할지도 달라질 테니까.

인간이 자연과 공생할 수 있다면 인공지능과도 공존할 수 있어. 미래는 우리 손에 달려 있지. "미래는 정해져 있지 않다. 운명이란 없고, 미래는 우리 스스로가 만드는 것이다(The future's not set. There's no fate but what we make for ourselves)." 〈터미네이터〉에 나오는 대사야.

## 참고한 책


고인석, 〈로봇이 책임과 권한의 주체일 수 있는가〉

고인석, 〈아시모프의 로봇 3법칙 다시 보기〉

고인석, 〈인공지능 시대의 인간〉

구본권, 《당신을 공유하시겠습니까?》, 어크로스, 2014

구본권, 《로봇 시대, 인간의 일》, 어크로스, 2015

권복규 외, 《호모 사피엔스 씨의 위험한 고민》, 메디치미디어, 2015

김기현, 〈인공지능의 미래와 인문학의 역할〉

김대식, 《김대식의 빅퀘스천》, 동아시아, 2014

김대식, 《김대식의 인간 vs 기계》, 동아시아, 2016

김은식, 《로봇 시대 미래 직업 이야기》, 나무야, 2017

김윤명, 《인공지능과 리걸 프레임, 10가지 이슈》, 커뮤니케이션북스, 2016

김윤명, 〈인공지능(로봇)의 법적 쟁점에 대한 시론적 고찰〉

김재인, 《인공지능의 시대, 인간을 다시 묻다》, 동아시아, 2017

김재호 외, 《인공지능, 인간을 유혹하다》, 제이펍, 2016

김지연, 〈알파고 사례 연구〉

김진석, 〈약한 인공지능과 강한 인공지능의 구별의 문제〉

나이절 캐머런, 《로봇과 일자리》, 고현석 옮김, 이음, 2018

네이버, 〈네이버 개인정보 보호 리포트(2017)〉

니콜라스 네그로폰테, 《디지털이다》, 커뮤니케이션북스, 1999

닉 보스트롬, 《슈퍼인텔리전스》, 조성진 옮김, 까치, 2017

닛케이 빅데이터, 《구글에서 배우는 딥러닝》, 서재원 옮김, 영진닷컴, 2017

대니얼 웨그너 외, 《신과 개와 인간의 마음》, 최호영 옮김, 추수밭, 2017

레이 커즈와일, 《마음의 탄생》, 윤영삼 옮김, 크레센도, 2016

레이 커즈와일, 《특이점이 온다》, 김명남 옮김, 김영사, 2007

로드니 브룩스, 《로드니 브룩스의 로봇 만들기》, 박우석 옮김, 바다출판사, 2005

마쓰오 유타카, 《인공지능과 딥러닝》, 박기원 옮김, 동아엠앤비, 2015

마틴 포드, 《로봇의 부상》, 이창희 옮김, 세종서적, 2016

미치오 카쿠, 《마음의 미래》, 박병철 옮김, 김영사, 2015
바티스트 밀롱도, 《조건 없이 기본소득》, 권효정 옮김, 바다출판사, 2014
박성원, 〈인공지능과 사회 변화, 그리고 당신이 바라는 미래〉
박순서, 《공부하는 기계들이 온다》, 북스톤, 2016
배영임 외, 〈인공지능의 명암〉
브루스 슈나이어, 《당신은 데이터의 주인이 아니다》, 반비, 2016
셰리 터클, 《외로워지는 사람들》, 이은주 옮김, 청림출판, 2012
스튜어트 러셀 외, 《인공지능 1, 2》, 제이펍, 2016
신상규, 〈인공지능은 자율적 도덕행위자일 수 있는가?〉
신상규, 〈인공지능, 새로운 타자의 출현인가?〉
신상규, 〈인공지능 시대의 윤리학〉
에릭 브린욜프슨 외, 《제2의 기계 시대》, 이한음 옮김, 청림출판, 2014
오은, 《너는 시방 위험한 로봇이다》, 살림, 2009
오준호, 《기본소득이 세상을 바꾼다》, 개마고원, 2017
웬델 월러치 외, 《왜 로봇의 도덕인가》, 노태복 옮김, 메디치미디어, 2014
유기윤 외, 《미래 사회 보고서》, 라온북, 2017
유발 하라리, 《호모 데우스》, 김명주 옮김, 김영사, 2017
이경덕, 《어느 외계인의 인류학 보고서》, 사계절, 2013
이민화, 〈인공지능과 일자리의 미래〉
이원태, 〈인공지능의 규범이슈와 정책적 시사점〉
이재현, 〈인공지능에 관한 비판적 스케치〉
이종관, 《포스트휴먼이 온다》, 사월의책, 2017
이종호, 《로봇은 인간을 지배할 수 있을까?》, 북카라반, 2016
자크 아탈리, 《자크 아탈리의 인간적인 길》, 에디터, 2005
제러미 리프킨, 《한계비용 제로 사회》, 민음사, 2014
제리 카플란, 《인간은 필요 없다》, 신동숙 옮김, 한스미디어, 2016
제리 카플란, 《인공지능의 미래》, 신동숙 옮김, 한스미디어, 2017
제바스티안 슈틸러, 《알고리즘 행성 여행자들을 위한 안내서》, 김세나 옮김, 와이즈베리, 2017
제임스 배럿, 《파이널 인벤션》, 정지훈 옮김, 동아시아, 2016
제프 콜빈, 《인간은 과소평가되었다》, 신동숙 옮김, 한스미디어, 2016

조성배, 《왜 인공지능이 문제일까?》, 반니, 2017
지그문트 바우만 외, 《친애하는 빅브라더》, 한길석 옮김, 오월의봄, 2014
차두원 외, 《잡 킬러》, 한스미디어, 2016
천현득, 〈인공지능에서 인공 감정으로〉
최광은, 《모두에게 기본소득을》, 박종철출판사, 2011
최윤식, 《미래학자의 인공지능 시나리오》, 코리아닷컴, 2016
최재경, 〈빅데이터 분석의 국내외 활용 현황과 시사점〉
카카오, 〈카카오 AI 리포트〉
캐시 오닐, 《대량살상 수학무기》, 김정혜 옮김, 흐름출판, 2017
토머스 캐스카트, 《누구를 구할 것인가?》, 노승영 옮김, 문학동네, 2014
한국고용정보원, 〈기술 변화에 따른 일자리 영향 연구〉
호모 디지쿠스 외, 《보이스 퍼스트 패러다임》, 아마존의나비, 2017
Michael A. Osborne 외, 〈The Future of Employment : How Susceptible Are Jobs to Computerisation?〉

단행본은 《》로, 논문 및 보고서는 〈〉로 표기합니다.